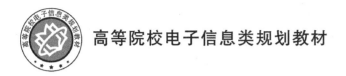
高等院校电子信息类规划教材

移动通信实践

高伟东　杜海清　啜　钢　编著

北京邮电大学出版社
www.buptpress.com

内 容 简 介

本书详细地介绍了移动通信系统组网的基本技术和实验,主要内容包括:移动通信系统搭建、终端开机入网流程、业务流程、多天线技术、移动通信安全、链路自适应技术、干扰控制技术、无线资源调度技术、寻呼技术、切换技术、功率控制技术。

本书力求理论和实践紧密结合,在讲述实验内容的同时,注重阐述实验背后的基本理论。

本书可作为高等院校通信工程及相关专业的教材,也可作为从事移动通信开发的工程技术人员的参考书。

图书在版编目(CIP)数据

移动通信实践 / 高伟东,杜海清,啜钢编著 . -- 北京:北京邮电大学出版社,2023.2
ISBN 978-7-5635-6819-2

Ⅰ. ①移… Ⅱ. ①高… ②杜… ③啜… Ⅲ. ①移动通信 Ⅳ. ①TN929.5

中国版本图书馆 CIP 数据核字(2022)第 236386 号

策划编辑:彭 楠 **责任编辑:**王晓丹 米文秋 **责任校对:**张会良 **封面设计:**七星博纳

出版发行:北京邮电大学出版社
社 址:北京市海淀区西土城路 10 号
邮政编码:100876
发 行 部:电话:010-62282185 传真:010-62283578
E-mail:publish@bupt.edu.cn
经 销:各地新华书店
印 刷:北京虎彩文化传播有限公司
开 本:787 mm×1 092 mm 1/16
印 张:11.5
字 数:281 千字
版 次:2023 年 2 月第 1 版
印 次:2023 年 2 月第 1 次印刷

ISBN 978-7-5635-6819-2 定价:29.00 元

前　言

随着移动通信新技术的不断发展,各高等院校通信专业的课程设置在不断更新,实验手段也在不断发展。作者结合北京邮电大学移动通信理论的教学内容编写了本实验教材,以巩固和加深学生对移动通信理论的学习。本书是作者结合多年从事移动通信教学和工程实践的经验,并参考了国内外最新的文献和资料编写而成的。

移动通信网络是一个庞大、复杂的网络,涉及当今通信领域的方方面面。对于移动通信系统的相关知识,学生一方面可以通过理论课程的学习获得,另一方面可以通过实验操作加深理解,进而能够融会贯通。"移动通信实践"课程的开设是为了让高等院校通信专业的学生对移动通信系统有较全面的了解,使学生能够掌握其中的关键技术。

在本课程所设计的若干实验中,学生可结合软、硬件平台,重点对移动通信技术的关键部分"移动通信组网原理"进行学习和实验练习。通过对本实验课程的学习,学生能对移动通信系统的工作原理有较全面的理解。

本书第 1 章由高伟东编写,第 2 章由啜钢编写,第 3～7 章由高伟东编写,第 8～12 章由杜海清编写。

由于作者水平有限,书中难免会出现一些错误和不妥之处,敬请读者批评指正。

作　者

目　录

第1章 概 述

1.1 移动通信基础知识

1.1.1 移动通信的定义和特点

移动通信是指通信双方至少有一方是处于运动(或临时静止)中进行信息交换的通信方式。

由上述定义不难看出,移动通信特别注重移动性,即移动通信用户从一个区域移动到另一区域,其通信连接亦能随之连续移动,其通信活动不受影响。对于移动性可以从以下三个方面来认识。

- 终端移动性:用户可以在移动中使用某一终端,用户访问业务的接入点不是固定的,网络具有标识和定位终端的能力。
- 个人移动性:用户通过个人标识可以使用任何终端访问同一业务,用户访问业务与终端无关,网络具有标识和定位用户的能力。
- 会话移动性:用户在使用业务的过程中可以在不同终端之间悬挂恢复业务会话,用户在使用业务的过程中可以在终端之间移动。

移动通信与固定通信相比,主要具有下列特点。

1. 移动通信利用无线电波进行信息传输

这种传输介质允许通信中的用户在一定范围内自由活动,其位置不受束缚。但传播的电波一般都是直射波和随时间变化的绕射波、反射波、散射波的叠加,造成所接收信号的电场强度起伏不定,最大可相差几十分贝,这种现象称为衰落。例如,无线电波受到地形、地物的遮蔽会发生"阴影效应";而且信号经过多点反射,会从多条路径到达接收地点,这种多径信号的幅度、相位和到达时间都不一样,它们相互叠加会产生"多径效应",导致电平衰落和时延扩展。另外,移动台不断运动,当达到一定速度时,固定点接收到的载波频率将随运动速度的不同而产生不同的频移,即产生"多普勒效应",使接收信号场强振幅、相位随时间、地点而不断地变化,进而会严重影响通信传输的质量。这就要求在设计移动通信系统时,必须采取抗衰落措施,保证通信质量。

2. 移动通信在复杂的干扰环境中工作

在移动通信系统中,除了一些外部干扰外,如城市噪声、各种车辆发动机点火噪声、微波炉干扰噪声等,自身还会产生各种干扰,主要的干扰有互调干扰、邻道干扰及同频干扰等。因此,无论是在系统设计中,还是在组网时,都必须对各种干扰问题予以充分的考虑。

3. 移动通信的频率资源非常有限

移动通信系统一般只能工作在 3 GHz 以下的频段,但在这些频段内,广播、电视、导航、定位、军事、科学实验室、医疗卫生等业务占用了大部分频率资源,即有限的频段内通信容量是有限的;然而全球移动用户数一直保持高速增长,人们对移动通信业务的需求越来越丰富多样,这使得原本就非常有限的频率资源问题更加突出。为了解决这一矛盾,除了开辟新的频段、缩小频道间隔之外,研究各种有效利用频率的技术和新的体制是移动通信面临的重要课题。

4. 移动通信系统复杂

为了更有效地利用有限的频谱资源,美国贝尔实验室将频率复用技术应用于移动通信,提出了小区制、蜂窝组网的理论,我们日常生活中常用的蜂窝移动通信系统采用的就是这种组网思想。

大容量的小区制组网方式是把整个服务区域划分为若干个小区(Cell),每个小区分别设置一个小功率基站,负责本小区内用户的通信。同时设置一个移动业务交换中心,统一控制这些基站协调工作,保证每个移动用户只要在其服务区域内,不论移动到哪个小区,都能选用随机无线信道,实现位置登记、越区切换及漫游存取等跟踪技术。显然其信令种类比固定网要复杂得多,在入网鉴权和计费方式上也有特殊的要求,所以移动通信系统是比较复杂的。

5. 移动通信终端必须满足多种应用要求

一般移动通信终端长期处于位置不固定状态,外界的影响很难预料,如尘土、碰撞、日晒雨淋,这就要求它具有很强的适应能力。此外,还要求移动通信终端性能稳定可靠、携带方便、小型、低功耗、耐高低温等,同时尽量使用户操作方便,适应新业务、新技术的发展,以满足不同人群的使用。

1.1.2　移动通信的发展及趋势

移动通信的发展历史可以追溯到1864年麦克斯韦从理论上证明了电磁波的存在。现代意义上的移动通信开始于20世纪20年代初期。从1G到5G,再到已经着手研究的6G,通信技术的发展十分迅速。

第一代移动通信系统采用的技术是模拟通信技术,在美国芝加哥诞生。1G采用频分多址技术和模拟技术,由于受到传输带宽的限制,不能进行移动通信的长途漫游,只能进行区域性的移动通信。1G模拟通信技术只能用于打电话(模拟语音业务),不能用于发短信或上网。同时,1G模拟通信技术有很多的缺陷,如收听效果不稳定、声音质量不佳、保密性不足、无线带宽利用不充分等,因此已经被淘汰。

2G摆脱了1G模拟通信技术,实现了数字化通信,较上代技术而言主要在声音质量、保密性、系统容量上有重大的改变,同时增加了数据传输服务。2G时代主要包含欧洲主导的GSM(Global System for Mobile Communications)系统和美国主导的 CDMA(Code

Division Multiple Access)系统。GSM 系统主要采用时分多址技术,可提供数字语音、短信和低速数据业务。CDMA 系统采用码分多址技术,容量是 GSM 系统的 10 倍以上,并且采用加密技术,提高通话的安全性。但技术上的优势并不能完全决定制式的应用,受限于产业链发展的滞后与高通专利的集中,CDMA 系统的应用远不及 GSM 系统广泛。

3G 数据时代主要包含 3 种主流制式,分别是 CDMA2000、WCDMA 和 TD-SCDMA。可见,CDMA 是第三代移动通信系统的技术基础,不但提高了语音通话的安全性,也解决了移动互联网相关网络和数据高速传输的问题。3G 用户峰值速率可以达到 2 Mbit/s 至数十 Mbit/s,3G 能够处理图像、音乐、视频流等多种媒体形式,提供网页浏览、电话会议、电子商务等多种信息服务。

4G 无线宽带时代,第四代移动通信系统集 3G 与 WLAN 于一体,是专为移动互联网而设计的通信技术,在网速、容量、稳定性等方面,相比之前有质的飞跃。4G 包括 TD-LTE 和 FDD-LTE 两种制式,虽然名义上这两种制式分别由 TD-SCDMA 和 WCDMA 演进而来,但实际上均采用正交频分多址,用户峰值速率可达 100 Mbit/s,能够支持各种移动宽带数据业务。

5G 是国际电信联盟(ITU)定义的第五代移动通信系统,它的正式名称是 IMT-2020。相比于 4G 只面向移动宽带一种场景,5G 致力于在增强移动宽带(Enhanced Mobile Broadband,eMBB)、海量物联(Massive Machine Type Communication,mMTC)、高可靠低时延(Ultra Reliable Low Latency Communication,uRLLC)3 个领域为用户提供服务。eMBB 将提供更高的系统容量以及更快的无线接入速率,从而满足虚拟现实/增强现实(VR/AR)、超清视频以及移动游戏等应用服务;在 mMTC 方面,智能电网、智能物流、智慧城市、移动医疗、车载娱乐、运动健身等海量物联需求将迅速填充物联网管道;uRLLC 则将会在车联网、工业精确控制、无人机远程监测、入侵检测、急救人员跟踪等场景发挥巨大作用。

目前,6G 处于早期愿景研究阶段,全球相关组织正在积极讨论 6G 的愿景需求,并进行关键技术的研究,而 6G 将全面支撑全社会的数字化转型,实现智联物理世界和数字世界。

1.1.3　移动通信的工作频点与工作方式

1. 工作频点

频段是射频通信系统使用的频率资源所占用最低和最高频率的范围,如工作频率 800～820 MHz,其中 20 MHz 的频率资源就是频段。基站射频(Radio Frequency,RF)系统需要工作在一定的频率范围之内,才能够与终端设备相互通信,我们把这个频率范围叫作基站的工作频段。

例如,国际电联无线通信标准化部门 ITU-R 给 4G 划分了 4 个频段,具体为 3.4～3.6 GHz 的 200 MHz 带宽、2.3～2.4 GHz 的 100 MHz 带宽、698～806 MHz 的 108 MHz 带宽和 450～470 MHz 的 20 MHz 带宽。世界各国和各地区在实际部署 4G 网络时,会根据本国/本地区现有的无线电频率划分情况做出调整,使得频率分配的具体方式各不相同。我国无线电管理委员会规定的 LTE 频谱划分情况如表 1.1 所示。

表 1.1 我国 LTE 频谱划分情况

运营商	TDD		FDD		合计
	频谱/MHz	带宽/MHz	频谱/MHz	带宽/MHz	
中国移动	1 880～1 900	20	—	—	130 MHz
	2 320～2 370	50	—	—	
	2 575～2 635	60	—	—	
中国联通	2 300～2 320	20	1 955～1 980	25	90 MHz
	2 555～2 575	20	2 145～2 170	25	
中国电信	2 370～2 390	20	1 755～1 785	30	100 MHz
	2 635～2 655	20	1 850～1 880	30	

频率是指具体的频率值,一般为调制信号的中心频率。例如,频率间隔为 200 kHz,依照 200 kHz 的频率间隔从 890 MHz 到 915 MHz(890 MHz,890.2 MHz,890.4 MHz,890.6 MHz,890.8 MHz,891 MHz,…,915 MHz)分为 125 个无线频率段,并对每个频段从 1 到 125(1,2,3,4,…,125)进行编号,这些对固定频率的编号就是我们所说的频点。

对于 TDD 系统来说,频点和频率的换算关系如下:

$$F = F_{low} + 0.1 \times (N - N_{Offs}) \tag{1.1}$$

其中:F 为该载频的频率,F_{low} 对应该频段的最低频率,N 为该载频的频点号,N_{Offs} 对应该频段的最低频点号。表 1.2 所示为 4G LTE 频点换算表。

表 1.2 4G LTE 频点换算表

E-UTRA 工作频段	下行			上行		
	F_{DL_low}/MHz	$N_{Offs-DL}$	N_{DL} 范围	F_{UL_low}/MHz	$N_{Offs-UL}$	N_{UL} 范围
1	2 110	0	0～599	1 920	18 000	18 000～18 599
2	1 930	600	600～1 199	1 850	18 600	18 600～19 199
3	1 805	1 200	1 200～1 949	1 710	19 200	19 200～19 949
4	2 110	1 950	1 950～2 399	1 710	19 950	19 950～20 399
5	869	2 400	2 400～2 649	824	20 400	20 400～20 649
6	875	2 650	2 650～2 749	830	20 650	20 650～20 749
7	2 620	2 750	2 750～3 449	2 500	20 750	20 750～21 449
8	925	3 450	3 450～3 799	880	21 450	21 450～21 799
9	1 844.9	3 800	3 800～4 149	1 749.9	21 800	21 800～22 149
10	2 110	4 150	4 150～4 749	1 710	22 150	22 150～22 749
11	1 475.9	4 750	4 750～4 949	1 427.9	22 750	22 750～22 949
12	729	5 010	5 010～5 179	699	23 010	23 010～23 179
13	746	5 180	5 180～5 279	777	23 180	23 180～23 279
14	758	5 280	5 280～5 379	788	23 280	23 280～23 379
…						
17	734	5 730	5 730～5 849	704	23 730	23 730～23 849

E-UTRA 工作频段	下行			上行		
	F_{DL_low}/MHz	$N_{Offs-DL}$	N_{DL} 范围	F_{UL_low}/MHz	$N_{Offs-UL}$	N_{UL} 范围
18	860	5 850	5 850～5 999	815	23 850	23 850～23 999
19	875	6 000	6 000～6 149	830	24 000	24 000～24 149
20	791	6 150	6 150～6 449	832	24 150	24 150～24 449
21	1 495.9	6 450	6 450～6 599	1 447.9	24 450	24 450～24 599
22	3 510	6 600	6 600～7 399	3 410	24 600	24 600～25 399
23	2 180	7 500	7 500～7 699	2 000	25 500	25 500～25 699
24	1 525	7 700	7 700～8 039	1 626.5	25 700	25 700～26 039
25	1 930	8 040	8 040～8 689	1 850	26 040	26 040～26 689
26	859	8 690	8 690～9 039	814	26 690	26 690～27 039
27	852	9 040	9 040～9 209	807	27 040	27 040～27 209
28	758	9 210	9 210～9 659	703	27 210	27 210～27 659
29	717	9 660	9 660～9 769	NA		
...						
33	1 900	36 000	36 000～36 199	1 900	36 000	36 000～36 199
34	2 010	36 200	36 200～36 349	2 010	36 200	36 200～36 349
35	1 850	36 350	36 350～36 949	1 850	36 350	36 350～36 949
36	1 930	36 950	36 950～37 549	1 930	36 950	36 950～37 549
37	1 910	37 550	37 550～37 749	1 910	37 550	37 550～37 749
38	2 570	37 750	37 750～38 249	2 570	37 750	37 750～38 249
39	1 880	38 250	38 250～38 649	1 880	38 250	38 250～38 649
40	2 300	38 650	38 650～39 649	2 300	38 650	38 650～39 649
41	2 496	39 650	39 650～41 589	2 496	39 650	39 650～41 589

2. 工作方式

移动台和基站之间交换信息的方式称为移动通信的工作方式。若通信双方可以同时进行收信和发信,则称为双工方式。

4G 系统支持频分双工(Frequency Division Duplex,FDD)和时分双工(Time Division Duplex,TDD)两种双工方式。FDD 使用上、下行成对的频段,上、下行频带间留有一定的频率保护间隔,信号的发送和接收可以同时进行,减少了上、下行信号间的反馈时延。而 TDD 是收发共用一个射频频点,上、下行链路使用不同的时隙(Time Slot,TS)进行通信的一种双工技术。也就是说,TDD 双工方式的信号可以在非成对频段内发送,不需要 FDD 双工方式所需的成对频段,具有配置灵活的特点,同时,上、下行信号占用的无线信道资源可以通过调整上、下行时隙的比例灵活配置。TD-LTE 和 FDD-LTE 两种制式分别采用了 TDD 和 FDD 技术。从技术角度来看,TD-LTE 占用的频段少,节省资源,带宽长,适合区域热点覆盖;FDD-LTE 速度更快,覆盖更广,但占用的资源多,适合广域覆盖。

5G系统提出了灵活双工技术,可以充分考虑业务总量增长和上、下行业务不对称的特性,根据上、下行业务的变化情况动态分配上、下行资源,有效提高系统资源利用率。灵活双工技术既能通过时域的方案实现,又能通过频域的方案实现。在时域方案中,每个小区可根据业务量需求将上行频带配置成不同的上、下行时隙配比;在频域方案中,可以将上行频带配置为灵活频带以适应上、下行非对称的业务需求。

1.1.4 抗衰落和抗干扰技术

移动通信迭代实现了跨越式发展,尤其是近十年,我国移动通信快速发展,4G、5G相继商用,并建成了全球最大的4G和5G网络。目前正处于由4G向5G大规模商用演进的历史关口,因此,我们立足4G,面向5G乃至6G,来理解这些不同发展阶段的移动通信系统分别提出的高峰值速率、高频谱效率和高移动性,采用低时延、低成本和扁平化网络架构的设计目标,以及为了实现这样的目标,所采用的一系列抗衰落和抗干扰技术。

1. 分集技术

在移动通信中,为了对抗衰落产生的影响,通常会采用分集、均衡、信道编码、扩频等常见的信号处理技术,根据信道的实际情况,它们可以独立使用或联合使用。到目前为止,几乎各个发展阶段的移动通信系统均引入了分集技术,包括5G。

所谓分集,有两重含义:一是分散传输,使接收端能获得多个统计独立的、携带同一信息的衰落信号;二是集中处理,即接收机把收到的多个统计独立的衰落信号进行合并(包括选择与组合)以降低衰落的影响。也就是说,通过频率、空间、时隙等维度的分集,可以加强数据传输的可靠性。例如:在频率方面,发送端将数据复制,然后将两个数据包发送到两个独立频率的逻辑信道传输,实现频率分集增益;在空间方面,使用不同的天线口发送相同的数据分组或者控制分组,实现空间分集增益。

2. 多天线技术

不断提高空中接口的吞吐量是移动通信的发展目标,多输入多输出(Multiple Input Multiple Output,MIMO)是4G采用的大幅提升空口吞吐量的关键技术之一。MIMO技术指在发射端和接收端使用多个发射天线和接收天线,信号通过发射端与接收端的多个天线发送和接收,从而改善通信质量。

5G时代已经来临,不管对于基站还是手机,MIMO已经成为其核心组成部分。在不占用更多频谱的情况下,MIMO允许在相同的无线信道上同时发送和接收多个数据流,这大大增加了无线数据的信号路径,提高了传输速率,增强了链路的可靠性。5G系统在4G系统的多天线基础上通过增加天线数形成大规模天线(Massive MIMO),可支持数十个独立的空间数据流,数倍提升多用户系统的频谱效率,对满足5G系统容量与速率需求起到重要的支撑作用。所以,MIMO会随着5G的发展而逐渐普及,用户的上网体验会越来越好,MIMO也会助力5G给行业带来更多的发展机遇。

3. 链路自适应技术

在移动通信系统中,一个非常重要的特征是无线信道的时变特性。无线信道的时变特性包括传播损耗、快衰落、慢衰落以及干扰的变化等因素带来的影响。由于无线信道具有时变性,因此接收端接收到的信号质量也是一个随着无线信道变化的变量。如何有效地利用信道的时变性,在有限的无线频谱上最大限度地提高数据传输速率,从而最大限度地提高频带利用效率,是移动通信的重要任务。

香农定理指出:从理论上讲,只要实际传输速率低于信道容量限,该信道就能够以任意小的误码率来传输信息。因此,信道容量是实现可靠通信的最大传输极限。链路自适应技术要求发送信号的调制和编码速率与信道状态更加匹配,进而使得发送数据速率逼近信道容量。例如,自适应编码调制(Adaptive Modulation and Coding,AMC)技术可以根据链路状态信息自动调整调制和编码方式,从而给用户提供最佳的传输速度,但是在一定程度上要依赖用户反馈的链路状态信息。混合自动重传请求(Hybrid Automatic Repeat reQuest,HARQ)技术通过利用接收端在译码失败的情况下,保存接收到的信号,并请求发送端重传信号,接收端将重传的信号和先前接收到的信号进行合并后再译码的方式,很好地解决了外界的干扰、衰落等各种原因造成数字信号在传输的过程中产生误码的问题。正交频分复用的资源分配方式使 HARQ 对频域资源划分的区间更为精细,并使得相关带宽内的传输数据与信道状态更好地匹配,可让用户选择信道条件更好的频域资源块进行数据发送,从而更有效地利用链路自适应技术提升系统性能。

链路自适应技术正是由于在提高数据传输速率和频谱利用率方面有显著的优势,从而成为目前和未来移动通信系统的关键技术之一。

4. 干扰控制技术

由移动通信的特点,我们已经知道,移动通信是在复杂的干扰环境中工作的。而且,随着移动通信的发展,数据业务量的快速增长对网络容量提出了更高的要求,运营商需要对通信网络进行密集部署,在保证无缝覆盖和良好移动性的同时,提高通信网络容量。但是基站密集部署不仅会带来小区边界干扰问题,还会引起蜂窝网络中小区重叠区用户的通信性能下降,干扰控制技术被认为是解决这些问题的关键技术之一。

1.1.5　蜂窝组网技术

1. 频率复用技术

频率复用和蜂窝小区的设计是与移动网的区域覆盖和容量需求紧密相连的。早期的移动通信系统采用的是大区覆盖,但随着移动通信的发展,这种网络设计已远远不能满足需求了。因而以蜂窝小区、频率复用为代表的小区制组网设计应运而生,它是解决频率资源有限和用户容量问题的一项重大突破。

频率复用也称频率再用,就是重复使用频率。例如,在 GSM 网络中频率复用就是使同一频率覆盖不同的区域(对应于全向天线的一个基站或对应于扇型天线一个基站的一部分所覆盖的区域),这些使用同一频率的区域彼此需要相隔一定的距离,即同频复用距离,以满足将同频干扰抑制到允许的指标以内。

2. 多址接入技术

通信系统是以信道来区分通信对象的,每个信道只容纳一个用户进行通信,许多同时通信的用户通过不同的信道加以区分,这样的多个信道就叫作多址。多址接入技术是指移动通信系统使所有的用户共享有限的无线资源,实现不同用户在不同地点同时通信,并尽可能减少干扰。

多址接入技术从原理上看与信号多路复用是一样的,实质上都属于信号的正交划分与设计技术。不同点在于多路复用的目的是区别多个通路,而多址接入技术是区分不同的用户地址。当以传输信号载波频率的不同来区分信道建立多址接入时,称为频分多址(Frequency Division Multiple Access,FDMA);当以传输信号存在时间的不同来区分信道建立多址接入时,称为时分多址(Time Division Multiple Access,TDMA);当以传输信号码型的不同来区分信道建立多址接入时,称为码分多址(Code Division Multiple Access,CDMA)。此外,中国提出的 3G 标准 TD-SCDMA 中应用了空分多址(Space Division Multiple Access,SDMA)技术,SDMA 是通过空间的分割来区分不同的用户。在移动通信中,能实现空间分割的基本技术就是自适应阵列天线,在不同的用户方向上形成不同的波束。不同的波束可采用相同的频率和相同的多址方式,也可采用不同的频率和不同的多址方式。

正交频分多址(Orthogonal Frequency Division Multiple Access,OFDMA)是正交频分复用(Orthogonal Frequency Division Multiplexing,OFDM)技术的演进,OFDM 是一种调制方式,能够很好地对抗无线传输环境中的频率选择性衰落,可以获得很高的频谱利用率。而 OFDMA 是一种多址接入技术,通过把传输带宽划分成正交的互不重叠的一系列子载波集,将不同的子载波集分配给不同的用户实现多址。由于不同用户占用互不重叠的子载波集,因此在理想的同步情况下,系统无多址干扰。然而,OFDMA 中较高的峰值平均功率比(Peak to Average Power Ratio,PAPR)会降低终端的功率利用率,降低上行链路的覆盖能力。为了解决这个问题,4G 采用单载波频分多址(Single Carrier-Frequency Division Multiple Access,SC-FDMA)和 OFDMA 分别作为上行/下行的多址技术。

移动通信技术发展至今,频谱资源变得越来越紧张了。为了满足飞速增长的移动业务需求,人们进一步探索提高频谱效率的新的多址接入技术,为此提出了非正交多址接入(Non-Orthogonal Multiple Access,NOMA)技术。NOMA 技术的基本思想是在发送端采用非正交发送,主动引入干扰信息,在接收端通过串行干扰删除(Successive Interference Cancellation,SIC)接收机实现正确解调。虽然采用 SIC 技术的接收机复杂度有一定增加,但是可以很好地提高频谱效率。可见,用增加接收机的复杂度来换取频谱效率是 NOMA 技术的本质。NOMA 技术将成为当前 5G 和下一代 6G 移动通信系统的代表性多址接入技术。

3. 移动性管理技术

移动性管理(Mobility Management,MM)是对移动终端的位置信息、安全性以及业务连续性等方面的管理,努力使终端与网络的联系状态达到最佳,进而为各种网络服务的应用提供保证。移动性管理主要包含以下两方面内容。

① 位置信息管理:网络实时跟踪和记录移动终端的位置信息,是其提供各项网络服务的基础。在位置信息记录工作上,移动网络中的设备各有分工,不同的网元设备会记录不同的位置标识符,由位置更新(Location Update,LU)流程保证各网元和终端之间信息的一致性。具体来说,终端会在开机、位置区发生变化、周期性位置更新定时器到达等各种条件下向网络上报自己的位置信息。此外,为了能把一个呼叫传送给随机移动的用户,需要有效地

确定移动台当前处于哪一个小区,这就要用到寻呼(Paging)。

② 业务连续性管理:用于保证用户在网络中移动时业务不中断。例如,在高速行驶的列车上长时间通话,就要用到切换(Handover)。无论是哪种类型的切换,其基本原理都是一致的。首先,用户或者网络根据资源的状况决定进行切换;其次,新链接建立,网络必须给终端分配新的资源,并进行路由操作;最后,进行数据流控制,将旧链接中的数据传递到新的链接中,保持服务质量。

4. 无线资源管理技术

无线资源管理(Radio Resource Management,RRM)又称为无线资源控制(Radio Resource Control,RRC)或者无线资源分配(Radio Resource Allocation,RRA),是指对移动通信系统空中接口的频率、时间、码字、功率等无线资源进行规划、管理和调度,目标是在有限的空口带宽资源下,为网络内的用户提供良好的体验保证。也就是说,在业务量分布不均匀、无线传播环境变化较大、干扰起伏不定等情况下,通过灵活分配和调整空口资源,提高系统吞吐量、容量、覆盖、信号质量,从而保证用户的服务质量。

一般来说,无线资源管理包括以下功能:无线准入控制(Radio Admission Control,RAC)、负载控制(Load Control,LC)、功率控制(Power Control,PC)、切换控制(Handoff Control,HC)、无线资源调度(Radio Resource Scheduling,RRS)等。

5. 安全措施

随着移动互联网的快速发展与5G技术的应用落地,5G进一步增强了人们的移动宽带应用使用体验,并成为软件化、服务化、敏捷化的网络,服务于智慧家庭、智能建筑、智慧城市、三维立体视频、超高清晰度视频、云工作、云娱乐、增强现实、行业自动化、紧急任务应用、自动驾驶汽车等垂直行业。这些变革意味着5G将迎来全面的演进,包括核心网和管理系统的演进以及无线端协议到应用层协议的演进。在这些演进中,安全的影响无处不在,5G将面临更复杂的安全挑战。

移动通信系统演进到现在,已经考虑的安全需求包括:对通信的加密,以防止用户信令和数据被恶意窃听;基于SIM卡对用户的认证,以防止消费欺诈;给用户分配临时身份标识,以保护用户身份隐私;网络和用户的双向认证,以防止伪基站攻击;等等。然而,这些需求主要立足于提升基本数据和语音通信服务的安全性,而5G不仅需要考虑基本的数据和语音通信服务,还将服务于一切可互联的产业。为面对一系列全新的服务需求,5G必须建立更全面、更高效、更节能的网络和通信服务模型,处理增强的、多方面的安全需求。

1.2　本书内容结构

本书主要介绍现代移动通信的基本理论、关键技术及体系结构,内容涉及移动通信基本理论的各个方面,主要包括:移动通信系统的无线传输特性和移动通信系统的组网方式;移动通信关键技术,如自适应调制编码、干扰抑制、多天线技术等。本书内容结构如图1.1所示。通过对本书的学习,读者可以了解移动通信系统级组网技术,本书将对超密集无线网络的部署场景、容量极限、资源分配、干扰管理等核心问题进行科学系统的介绍,同时还将针对

5G 关键技术的组网进行详细分析,力求为读者呈现未来移动通信组网的全景。

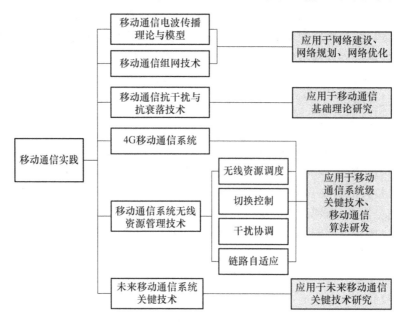

图 1.1　本书内容结构

在搭建的移动通信实验系统的基础上,开展一系列的实践课程,实验内容及对应的知识点如表 1.3 所示。通过对本实践课程的学习,读者能够:

① 理解和掌握移动通信系统的基本原理;

② 理解和掌握现代移动通信系统,掌握移动通信系统的模型;

③ 掌握移动通信系统的操作和维护,提高动手实践能力。

表 1.3　实验内容及对应的知识点

实验项目	主要内容及知识点
1	课程概述:5G 移动通信基本概念、5G 移动通信需求、5G 移动通信系统关键技术、课程设计实验系统的网络架构和网元接口、本书的主要内容
2	系统参数配置管理:PLMN、系统带宽、工作频点、TDD 上下行子帧配比、锁频和锁小区、系统参数配置对业务传输速率的影响评估、系统负载对业务传输性能的影响评估
3	终端从开机到入网的工作过程:PLMN 选择、扫频、小区搜索、获取系统消息、小区选择、随机接入、附着流程、RRC 连接建立
4	移动性管理流程:切换测量上报事件、切换门限值设定、X2 切换流程、S1 切换流程
5	业务传输过程:用户身份识别卡 SIM、SIM 卡读卡写卡流程、接入点名称 APN 设置、视频流业务、即时通信业务、FTP 下载业务
6	移动通信安全性:加密、鉴权、完整性保护、Wireshark 抓取信令数据安全性建立流程
7	寻呼管理:寻呼流程、核心网寻呼信令流程、接入网寻呼信令流程
8	无线资源控制技术:链路自适应技术、无线资源调度技术、小区间干扰协调技术、多天线传输模式对业务传输性能的影响评估

第 2 章　移动通信系统搭建

2.1　实验目的

- 熟悉移动通信系统的网络架构；
- 熟悉移动通信系统的接口及协议；
- 熟悉基站和 CPE 的访问控制方法；
- 掌握利用 Wireshark 抓包软件进行信令分析的方法；
- 掌握移动通信系统关键参数配置对业务传输性能的影响。

2.2　实验设备

实验硬件清单如表 2.1 所示。

表 2.1　实验硬件清单

序号	名称	数量
1	TDD 室内型小基站	1 台
2	客户终端设备（CPE）	2 台
3	计算机	2 台
4	路由器	1 台
5	交换机	1 台
6	核心网服务器	1 台

实验软件清单如表 2.2 所示。

表 2.2　实验软件清单

序号	名称	数量
1	Sequans DM 软件	1 套
2	Wireshark 软件	1 套

2.3 实验原理

2.3.1 实验设备介绍

本实验使用的设备包括室内型小基站、客户终端设备(Customer Premise Equipment, CPE)、计算机、核心网、交换机和路由器,这些设备能够实现用户终端与外部网络的连接,从而能够实现数据的传输。其中,交换机用来连接基站与核心网,一台交换机可以将多台基站连接到核心网;无线网络与外部网络(如因特网)之间的连接依靠路由器实现;CPE和基站之间采用无线连接。CPE和基站通过网线连接到计算机,可以在计算机上登录CPE和基站的管理界面,实现对二者的配置和管理。

1. 客户终端设备

CPE是一种能够将高速4G或者5G信号转换成WiFi信号的设备,可支持同时上网的移动终端数量也较多。

2. 基站

基站是移动通信中组成蜂窝小区的基本单元,主要完成移动通信网和移动通信用户之间的通信和管理功能。我们的手机能上网、打电话都是因为手机驻留在一个基站上,处在基站信号的覆盖范围内。

根据发射功率和覆盖范围的不同,实际通信系统中的基站通常分为4种,如表2.3所示,分别为宏基站(Macro Site)、微基站(Micro Site)、皮基站(Pico Site)和飞基站(Femto Site)。其中,宏基站的发射功率最大,覆盖范围也最广;飞基站的发射功率最小,覆盖范围也最小。

表 2.3 基站分类

基站类型			发射功率	覆盖范围
中文名称	英文名称	别称		
宏基站	Macro Site	宏站	10 W 以上	200 m 以上
微基站	Micro Site	微站	500 mW～10 W	50～200 m
皮基站	Pico Site	微微站 企业级小基站	100～500 mW	20～50 m
飞基站	Femto Site	毫微微站 家庭级小基站	100 mW 以下	10～20 m

本实验所用到的基站是小基站(Small Cell),是低功率的无线接入节点,一般定义为皮基站和飞基站两种类型的统称。

小基站拥有小巧的外形、较低的功耗,采用可工作于授权频谱和非授权频谱的蜂窝移动通信技术,可进行室内和室外部署。整个基站系统包含基带处理单元(Base Band Unit,

BBU)、射频拉远单元(Remote Radio Unit,RRU)和可选路由设备。由于信号发射覆盖半径较小,因此小基站适合小范围精确覆盖,而且部署较容易、灵活,可根据不同的应用场景(购物中心、地铁、机场、隧道内等)选择相应的小基站设备和网络建设模式,以提升信号质量。

在 LTE 网络中,所有的蜂窝都具备自组织的能力。对于典型蜂窝网络,通常采用宏基站进行连续覆盖和室内浅层的部署,并在相关场景采用小基站进行道路覆盖、室外覆盖室内,以及对室内深度覆盖的室内分布系统进行部署。小基站部署如图 2.1 所示。

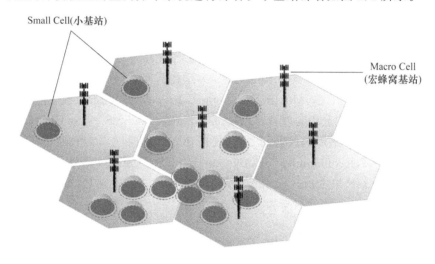

图 2.1　小基站部署示意图

3. 交换机

交换机在网络中是信息中转站,它把从某个端口接收到的数据从交换机的其他端口发送出去,完成数据的交换。

最初的交换机工作在开放系统互连(Open System Interconnection,OSI)参考模型的第二层,所以又称为二层交换机。更高级的交换机可以工作在第三层(网络层)或更高层,对应也就有了三层交换机等。

从广义上来看,交换机分为两种:广域网交换机和局域网交换机。广域网交换机主要应用于电信领域,提供通信基础平台。而局域网交换机则应用于局域网络,用于连接终端设备,如 PC 和网络打印机等。

4. 路由器

路由器是连接因特网中各局域网、广域网的设备,它根据信道的情况自动选择和设定路由,以最佳路径、按前后顺序发送信号。

路由器的结构如下。

① 电源接口(POWER):此接口连接电源的 USB。

② 复位键(RESET):此按键可以还原路由器的出厂设置。

③ 猫(MODEM)或者是交换机与路由器连接口(WAN):此接口用一条网线把路由器与家用宽带调制解调器(或者交换机)进行连接。

④ 计算机与路由器连接口(LAN 1~4):此接口用一条网线把计算机与路由器进行连

接。需要注意的是,WAN 口与 LAN 口一定不能接反。

2.3.2 移动通信网络架构

纵观数字移动通信系统的发展历程,从 2G、3G 到 4G 和 5G,业务和技术两个驱动力驱使端到端的移动网络架构演进,最终形成了基于云化部署核心网的智能全连接管道。

在演进过程中,无线接入网(Radio Access Network,RAN)和核心网(Core Network,CN)均不断变化,其承载的业务也发生了巨大变化。以第 3 代合作伙伴计划(3rd Generation Partnership Project,3GPP)主导的演进之路为例,2G 时代的全球移动通信系统(Global System of Mobile communication,GSM)最初只有电路交换(Circuit Switched,CS)域,由核心网元移动交换中心(Mobile Switching Center,MSC)完成交换,主要提供语音业务。后续的 2.5G,即通用分组无线业务(General Packet Radio Service,GPRS)增加了分组交换(Packet Switched,PS)域,支持分组域数据业务。被称为 3G 的通用移动通信系统(Universal Mobile Telecommunications System,UMTS)向分组域全 IP 化演进,R5 版本引入 IP 多媒体子系统(IP Multimedia Subsystem,IMS),用来控制在 PS 域传输实时和非实时的多媒体业务。3G R5 版本网络架构如图 2.2 所示。

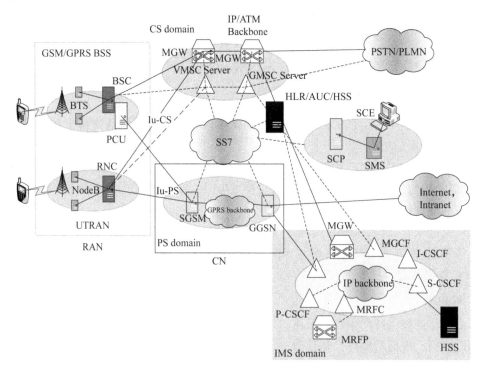

图 2.2　3G R5 版本网络架构

伴随着数据业务的爆发式增长,移动网络引入长期演进(Long Term Evolution,LTE)无线接入技术——演进型通用陆地无线接入网(Evolved Universal Terrestrial Radio Access Network,E-UTRAN)支持更高的数据传输速率,核心网侧通过系统框架演进(System Architecture Evolution,SAE)项目推出了崭新的演进型分组核心网(Evolved

Packet Core, EPC)。这样 EPC 和 E-UTRAN 以及用户终端(User Equipment, UE)共同构成了演进型分组系统(Evolved Packet System, EPS)。图 2.3 所示为 4G 网络架构,包含主要网元和标准化接口。

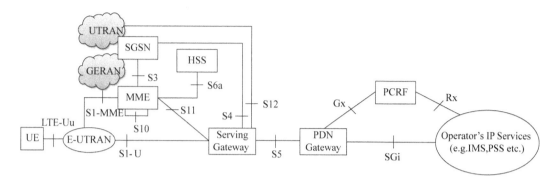

图 2.3　4G 网络架构

与 3G 系统相比,4G 网络采用了扁平化架构,并将控制与承载相分离,网络功能解耦合,逐步形成服务化网络功能设计。接下来将详细介绍各组成部分。

1. 核心网

核心网定义了一个全 IP 的分组核心网,负责与无线接入不相关但需要它提供完整移动宽带网络的功能,包括认证、计费、端到端连接的建立等。将这些功能分离,而不是集中在无线接入网中,对允许同一核心网支持多种无线接入技术是有益的。EPC 实质上是从 GSM/GPRS 核心网演进而来的,但它只支持接入分组域,不再支持电路域业务,电路域业务由 IMS 提供或者回撤到 2G/3G 的电路域。而且 4G 网络架构后期引入了控制面和用户面分离(Control and User Plane Separation, CUPS)技术,其灵感来源于软件定义网络(Software Defined Network, SDN)控制面与数据面分离的思想,将网关实体功能分割为控制面和用户面。控制面下发数据转发以及计费等规则到用户面,用户面则基于规则进行数据转发以及信息统计与上报等。这样既便于运营商的灵活部署与升级,又为向 5G 网络架构演进打下了基础。

EPC 主要包括 MME、S-GW、P-GW、PCRF 等网元。其中 S-GW 和 P-GW 通常是和物理网元合在一起部署,被称为 SAE-GW。

移动性管理实体(Mobility Management Entity, MME)相当于 3G 网络中网元 GPRS 服务支持节点(Serving GPRS Support Node, SGSN)的控制面功能部分。MME 负责控制面的移动性管理、用户上下文和移动状态管理、用户临时身份标识分配等,能够将终端发起的网络连接请求,根据签约信息附着到 S-GW 和 P-GW 网元上。MME 相当于 LTE 网络总的管家,所有的内部事务(如 Intra-System 切换)和外部事务(如 Inter-System 互操作)均由 MME 总体协调完成。

服务网关(Serving Gateway, S-GW)相当于 3G 网络中网元 SGSN 的用户面功能部分,有时也写为 SGW,是靠近 eNodeB 的网关。S-GW 是 3GPP 内不同接入网络间的用户锚点,负责用户在不同接入技术之间移动时用户面的数据交换,以屏蔽 3GPP 内不同接入网络的接口。

PDN 网关（PDN Gateway, P-GW）相当于 3G 网络中网元 GPRS 网关支持节点（Gateway GPRS Support Node, GGSN）的功能实体，有时也写为 PGW，是靠近分组数据网络（Packet Data Network, PDN）侧的网元。PDN 泛指移动终端访问的外部网络，基本上都采用 IP 协议。P-GW 承担 EPC 的网关功能。一个终端可以同时通过多个 P-GW 访问多个 PDN。P-GW 是 3GPP 接入网络（如 GPRS、UMTS 等）和非 3GPP 接入网络（如 CDMA2000、WiMAX 或 WLAN 等）之间的用户锚点，负责用户 IP 地址分配和 QoS 保证，并根据策略和计费规则功能（Policy and Charging Rules Function, PCRF）的规则进行基于流量的计费。

PCRF 完成动态 QoS 策略控制和动态的基于流的计费控制功能，同时还提供基于用户签约信息的授权控制功能。通常，P-GW 识别业务流，通知 PCRF，PCRF 再下发规则，决定业务是否可用，以及提供给该业务的 QoS。

归属用户服务器（Home Subscriber Server, HSS）存储了 LTE 网络中用户所有与业务相关的签约数据，提供用户签约信息管理和用户位置管理。

上述 EPC 网元之间的接口定义如表 2.4 所示。

表 2.4　EPC 网元之间的接口

接口名称	连接网元	接口功能描述
S3	SGSN-MME	在 MME 和 SGSN 设备间建立隧道，传送控制面信息
S4	SGSN-SGW	在 S-GW 和 SGSN 设备间建立隧道，传送用户面数据和控制面信息
S5	SGW-PGW	在 GW 设备间建立隧道，传送用户面数据和控制面信息（设备内部接口）
S8	SGW-PGW	漫游时，归属网络 P-GW 和拜访网络 S-GW 之间的接口，传送控制面和用户面数据
S6a	MME-HSS	完成用户位置信息的交换和用户签约信息的管理，传送控制面信息
S9	PCRF-PCRF	控制面接口，传送 QoS 规则和计费相关的信息
S10	MME-MME	在 MME 设备间建立隧道，传送信令，组成 MME Pool，传送控制面数据
S11	MME-SGW	在 MME 和 GW 设备间建立隧道，传送控制面数据
S12	RNC-SGW	传送用户面数据，类似于 Gn/Gp SGSN 控制下的 UTRAN 与 GGSN 之间的 Iu-u/Gn-u 接口
Gx(S7)	PCRF-PGW	传递 QoS 策略和计费准则（属于控制面信息）
Rx	PCRF-IP 承载网	用于应用功能（Application Function, AF）传递应用层会话信息给 PCRF，传送控制面数据
SGi	PGW-外部互联网	建立隧道，传送用户面数据

2. 接入网

接入网从 3G 时代的无线网络控制器（Radio Network Controller, RNC）加 NodeB 演进为 eNodeB，有时也写为 eNB，其负责网络中的所有无线相关功能，包括无线资源管理、空口的数据压缩和加密、各种天线方案等。也就是说，E-UTRAN 仅由 eNodeB 组成，网络架构中节点数量减少，使得网络架构更加趋于扁平化，随之带来的好处是降低了呼叫建立时延以及用户数据的传输时延。

eNodeB 之间通过 X2 接口进行连接，用于实现 eNodeB 间切换、小区间资源管理信令交互以及接口管理信令交互。物理上，上述接口可以是光纤或者其他方式，并保证在满足最大延时和延时抖动需求的前提下,实现所需容量的传送。

eNodeB 通过 S1 接口与 EPC 连接,更确切地说,其通过 S1-MME 接口连接到 MME,通过 S1-U 接口连接到 S-GW。S1-MME 接口用于 eNodeB 和 MME 之间的控制面信令交互,S1-U 接口则用于承载 eNodeB 和 S-GW 之间的用户面数据,数据通过 GPRS 隧道协议(GPRS Tunnelling Protocol,GTP)传送。

eNodeB 通过 Uu 接口与 UE 连接,即 eNodeB 通过集成 3G RNC 功能,提供 PS 连接方式。该接口是一个完全开放的接口,只要遵循接口规范,不同制造商生产的设备就能互相通信。

3. 5G 网络架构

服务化架构是 5G 网络架构的基石,也是 5G 区别于 2G、3G、4G 的关键使能特性。

5G 网络需要满足运营商和各种垂直行业的差异化需求,因此设计必须足够灵活,如下:

① 借鉴“服务解耦”的设计原则,将网络功能(如移动性管理、会话管理等)设计成独立的功能模块,根据实际的组网需求拼装不同的服务化模块;

② 将每个网络功能与其他网络功能的交互接口定义成服务,从而可以被所有其他需要的网络功能调用。

因此,5G 网络架构将传统的模块功能解耦,基于开放应用程序编程接口(Application Programming Interface,API),定义了若干种网络功能(Network Function,NF),每一种网络功能通过网络功能服务(NF Service)的方式对外呈现和进行调用。NF 通过服务化接口向任何允许使用这些服务的其他 NF 提供服务。在这个设计框架和原则下,每个核心网控制面网元对外提供基于超文本传输协议(Hyper Text Transfer Protocol,HTTP)的服务化接口,控制面网元之间通过互相调用对方的服务化接口进行通信。这些服务化调用关系通过标准化的时序和参数组合在一起,最终形成 5G 网络的各种业务控制流程。

5G 网络架构的部署模式如图 2.4 所示,基于不同运营商的现网 4G 部署规模和未来演进策略,5G 支持多种部署模式。图 2.4 中 Option 的编号沿用了标准讨论中的序号。

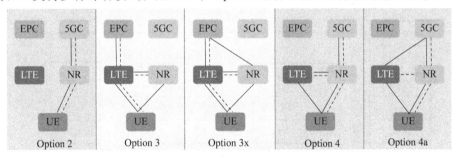

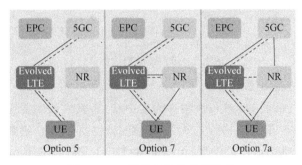

图 2.4　5G 网络架构的部署模式

① Option 2:以新空口(New Radio,NR)独立部署方式接入 5G 核心网。

② Option 3:以 LTE 作为控制面锚点双连接方式接入 EPC。

③ Option 4:以 NR 作为锚点双连接方式接入 5G 核心网。

④ Option 5:以 Evolved LTE 独立部署方式接入 5G 核心网。

⑤ Option 7:以 Evolved LTE 作为控制面锚点双连接方式接入 5G 核心网。

在以上 5 种部署选项中,Option 3 的提出是因为部分运营商希望尽快将部分 5G 技术用于商用,所以核心网需要将 4G EPC 升级。由于使用传统 EPC 核心网进行业务控制,QoS 和承载管理仍然使用 4G 的模式,所以这被认为是一种过渡性方案。

Option 2、Option 4、Option 5、Option 7 使用新定义的 5G 核心网,可以充分利用服务化架构以及云化部署的优势,有利于运营商在 5G 网络部署中开源节流,将其快速应用于新的业务。其中,Option 2 采用全新的空口加全新的 5G 核心网,可以充分利用新技术带来的性能增益和经济效益,这是运营商未来主要的 5G 部署方式。

需要强调的是,本书的实验操作以 4G 为例。根据实际需要,可以在实验设备支持的基础上,进一步扩展到 5G。

2.3.3　移动通信协议架构

相对于传统的 2G、3G 网络,4G 网络在全面 IP 化之后,接口协议栈种类大大减少。一般地,根据协议用途,可将移动通信协议架构分为用户面协议栈和控制面协议栈。下面分别介绍这两类协议栈。

1. 用户面协议栈

用户面端到端协议栈如图 2.5 所示。

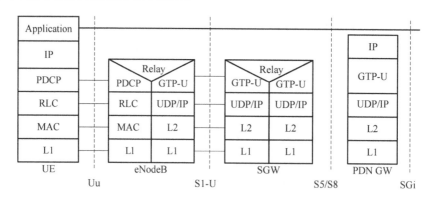

图 2.5　用户面端到端协议栈

(1) Uu 接口用户面协议

UE 和 eNodeB 之间的 Uu 接口通常称为空中接口,其协议主要用来建立、重配置和释放各种无线承载业务。用户面协议与 UMTS 相似,主要包括分组数据汇聚协议(Packet Data Convergence Protocol,PDCP)层、无线链路控制(Radio Link Control,RLC)层、媒体接入控制(Medium Access Control,MAC)层和最底层的物理层,各层主要功能如下:

- PDCP 主要进行 IP 报文头压缩,以减少无线接口上传输的比特数。PDCP 还负责控制面的加密、传输数据的完整性保护,以及针对切换的按序发送和副本删除。在接收端,PDCP 执行相应的解密和解压缩操作。一个终端的每个无线承载都会配置一个 PDCP 实体。
- RLC 主要负责分段/级联、重传控制、重复检测和将序列传送到上层协议栈。RLC 为 PDCP 提供服务。一个终端的每个无线承载都会配置一个 RLC 实体。
- MAC 控制逻辑信道的复用、上行链路和下行链路的调度、混合自动重传请求(Hybrid Automatic Repeat reQuest,HARQ)。其中上行链路和下行链路的调度功能位于基站,HARQ 协议部分位于 MAC 协议的发射和接收末尾。
- 物理层管理编码/解码、调制/解调、多天线的映射以及其他类型的物理层功能。

(2) S1-U 接口协议

S1 接口用户面的网络层基于 IP 传输,用户数据报协议(User Datagram Protocol,UDP)之上采用 GPRS 用户面隧道协议(GPRS Tunnelling Protocol for the User Plane,GTP-U)来传输 eNodeB 与 S-GW 之间的用户面协议数据单元(Protocol Data Unit,PDU)。GTP-U 承载在 UDP 之上,保证了在实现路径探测、数据分流等功能的情况下协议开销最小。另外,在用户发生移动的时候,可以通过更新上下文中 GTP-U 的端点 IP,保证用户下行数据包转发到用户位置变化后对应的新的 eNodeB 或 S-GW。

(3) S5/S8 接口协议

对于相同公共陆地移动网络(Public Land Mobile Network,PLMN)的 P-GW 和 S-GW 之间的 S5 接口和不同 PLMN 的 P-GW 和 S-GW 之间的 S8 接口,用户面均采用与 S1 接口相同的 GTP-U。

(4) SGi 接口协议

与外部 PDN 相连的 SGi 接口采用 TCP/IP 协议栈。移动宽带网络的目标是完成移动终端和 Internet 的连接,与 Internet 相连的边界节点要使用与 Internet 一致的协议。在需要私网穿越公网的场景下,使用通用路由封装(Generic Routing Encapsulation,GRE)或者其他隧道进行封装。

注意,在 2.5G 或 3G 网络中,创建的用于用户面转发的上下文被称为分组数据协议(Packet Data Protocol,PDP)上下文,而在 4G 网络中,称其为承载(Bearer)。如图 2.6 所示,端到端的服务可以分为 EPS 承载和外部承载(External Bearer),EPS 承载又包括演进的无线接入承载(Evolved Radio Access Bearer,E-RAB)和 S5/S8 承载,E-RAB 进而又分为无线承载(Radio Bearer,RB)和 S1 承载。

无线承载根据承载的内容不同,分为信令无线承载(Signaling Radio Bearer,SRB)和数据无线承载(Data Radio Bearer,DRB)。SRB 承载控制面(信令)数据,根据承载的信令不同又分为 SRB0、SRB1 和 SRB2 三类;DRB 承载用户面数据,根据 QoS 不同,UE 与 eNodeB 之间最多可同时建立 8 个 DRB。

2. 控制面协议栈

UE 到 MME 的控制面协议栈如图 2.7 所示。

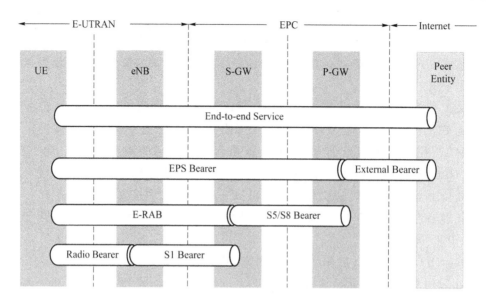

图 2.6　4G 网络的承载

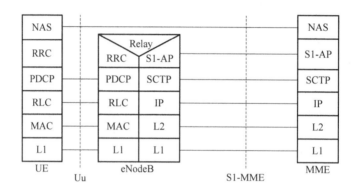

图 2.7　UE 到 MME 的控制面协议栈

（1）Uu 接口控制面协议

Uu 接口的控制面协议栈主要包括非接入层（Non-Access Stratum，NAS）、无线资源控制（Radio Resource Control，RRC）层、PDCP 层、RLC 层和 MAC 层。其中 PDCP 层、RLC 层和 MAC 层与用户面的功能基本相同，只是控制面没有 IP 报文头压缩功能。

NAS 控制协议是相对于 UE 与 eNodeB 间定义的接入层（Access Stratum，AS）协议而言的，主要实现以下功能：

- SAE 承载管理；
- 鉴权；
- LTE Idle 状态下的移动性处理；
- 产生 LTE Idle 状态下的寻呼消息；
- 安全控制。

RRC 层协议的无线资源控制主要是指空口资源的利用，空口资源包括：

- 频率资源：信道所占用的频段（载频）。

- 时间资源:用户业务所占用的时隙。
- 码资源:系统中用于区分小区信道和用户的扩频码或扰码等。
- 空间资源:采用智能天线或 MIMO 技术后,对用户及用户群的位置跟踪及空间分集和复用。
- 功率资源:功率控制可以动态分配功率、克服码间串扰。

由图 2.7 可以看出,RRC 层协议终止于 eNodeB,它在接入层中起主要控制功能,负责建立无线承载,并配置 eNodeB 和 UE 之间由 RRC 信令控制的所有底层协议。RRC 层协议的基本功能可以概括为以下两个方面:

- 在 UE 和 eNodeB 之间传递 RRC 层无线资源控制信令,即接入层信令,如为终端建立数据无线承载,用于实现基站对 UE 终端的各种远程管理。
- 帮助 UE 和核心网信令网关在空口传递"非接入层信令"。也就是说,NAS 消息是承载在 RRC 消息中在空口进行传输的,同时 NAS 消息在有线传输网中是承载在 S1-AP 消息中传输的。

(2) S1-MME 接口协议

eNodeB 和 MME 相连的 S1-MME 接口主要传递以下两类消息:

- eNodeB 网元和 MME 网元交互的消息。这类消息属于 S1 接口应用协议,因此称之为 S1-AP 协议,用于在 eNodeB 和 MME 之间完成移动性管理、无线资源管理等功能。
- NAS 消息。这类消息虽然是 MME 从 S1-MME 接口接收来的,但并不是由 eNodeB 始发的。eNodeB 只是透传终端发给 MME 的消息,并不能识别或者更改这部分消息。鉴于这部分消息不是接入网元 eNodeB 发出的,所以称之为非接入层消息,也就是 NAS 消息。NAS 消息是终端与 MME 的交互,如附着、承载建立、服务请求等移动性和连接流程消息。

通常物理层称为层一,链路层所包含的 MAC、RLC 和 PDCP 子层统称为层二,网络层所包含的 RRC 和 NAS 统称为层三。

为方便读者理解 LTE 网络传输的总体协议架构,图 2.8 描述了 LTE 用户面和控制面信息的路径和流向,用户数据流和信令流均以 IP 包的形式进行传送。例如,UE 作为发射端,在空中接口传送信息之前,IP 包经过由上到下,直至物理层的处理后,才通过无线信道传送到接收端 eNodeB,经过物理层等多个协议层实体逆向处理后,再通过 S1/X2 接口分别流向不同的 EPS 实体。

对于 eNodeB 与 eNodeB 之间的 X2 接口,采用了与 S1 接口一致的原则,体现在 X2 接口的用户面协议栈结构与控制面协议栈结构均与 S1 接口类似,如图 2.8 所示。

核心网 EPC 网元间的信令接口往往承载着成千上万的用户消息,每一个(或几个)消息得到响应,就能支撑一个用户的一次业务,如承载的建立。所以,EPC 网络信令接口的可靠传输要求消息独立处理,不彼此依赖。流控制传输协议(Stream Control Transmission Protocol,SCTP)就是按照这个原则设计的,它提供基于不可靠传输业务协议之上的可靠数据传输协议。SCTP 面向消息进行确认,一个用户消息超时并不会影响其他用户消息的交互。除面向消息外,SCTP 还实现了多归属,就如同 TCP 用两个会话支撑一次业务传送,以增强可靠性。

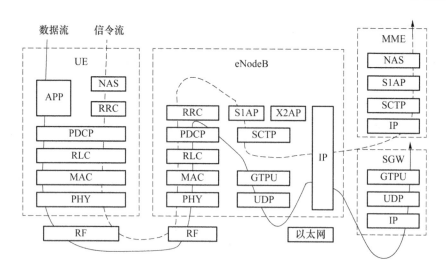

图 2.8　LTE 用户面和控制面信息的路径和流向

此外,MME 和 HSS 之间的 S6a 接口以及 P-GW 和 PCRF 之间的 Gx 接口均具有需要大量传递各种信元信息的特点,如 S6a 接口传递大量签约字段信息,Gx 接口传递用户身份信息、业务信息等。这两种接口要求对应的协议能够携带大量的信息,信息能表明信元类型和信元值,并且能够随着网络业务和网络运营商需求的变化方便地进行扩展。Diameter 协议就能满足这些要求。Diameter 使用属性-值对(Attribute Value Pair,AVP)结构,能够迭代携带大量信元信息,且方便扩展。在各个接口应用上,只要对 Diameter 交互流程和内容进行定义,就能实现不同的功能。

2.3.4　移动网络中的标识

移动网络会用到各种区分终端、基站或小区的标识(Identification,ID)。这些标识有着不同的用途,如用于连接、寻址、移动性管理、保密或其他目的。

3GPP 在定义 4G 网络标识时,考虑与原有设备的兼容性和平滑过渡性,尽量采用了与原有 2G/3G 相同的原则对设备进行标识,如 MSISDN、IMSI、IMEI、APN、PDN 地址等,同时,也扩充了一些新的标识,或者在原来标识的基础上,增加了新的特性。接下来我们分类讨论这些标识。

1. 终端用户标识

"终端"指手机本身,由手机的硬件决定,称为终端标识。"用户"指使用手机的账号,由用户识别模块(Subscriber Identity Module,SIM)决定,通常称为 SIM 卡。手机通信过程中的标识大都属于用户标识。

目前大多数终端是机卡分离的,但终端和用户其实是捆绑在一起的 UE,这里只是人为地把它们区分开,便于管理各种 ID 号。

(1)国际移动设备识别码(International Mobile Equipment Identity,IMEI)

IMEI 由 15～17 位十进制数字组成,就是通常所说的手机序列号、手机"串号",用于在移动网络中识别每一部独立的手机等移动通信设备,相当于移动终端的身份证。它是由手机厂家分配的,而不是运营商决定的。

　　EPS 系统中定义的移动设备识别码(Mobile Equipment Identity,MEID)的作用相当于 IMEI,可以将用户的信息提供给运营系统,如果系统中使用设备识别寄存器(Equipment Identity Register,EIR),就能检查移动台设备的合法性,并把结果发送给 MME,以使 MME 决定是否允许该移动台设备接入网络。如果该移动台使用的是被盗的移动设备、有故障的移动设备或者未经型号认证的移动设备,那么 MME 将据此确定该移动台的位置并将其阻断,从而能够采取及时的防范措施。

　　由于 EPS 系统能够支持多种接入技术,因此 ME Identity 不仅包括 3GPP 定义的 IMEI 和国际移动设备识别软件版本(International Mobile Equipment Identity Software Version, IMEISV),还包括 3GPP2 定义的 MEID。

　　在大多数情况下,MEID 并不作为通信过程的用户标识,只是标识手机型号。但在没有 SIM 卡的情况下拨打紧急电话时,MEID 可用作通信过程的用户标识。

　　(2) 移动用户 ISDN 号码(Mobile Subscriber ISDN Number,MSISDN)

　　MSISDN 俗称手机号,是为呼叫移动通信网络中的一个移动用户所需要拨打的号码, 作用等同于固定网的公用交换电话网(Public Switched Telephone Network,PSTN)号码。 各国使用的 MSISDN 长度不等,所以在底层通信中并不使用它。

　　由于 MSISDN 能够标识用户,并且是公开使用的地址,因此在 4G 中保留了此标识,一 方面用于计费,另一方面由于 SAE 系统会涉及语音呼叫连续性(Voice Call Continuity, VCC),而 VCC 也需要用到 MSISDN。

　　(3) 国际移动用户识别码(International Mobile Subscriber Identity,IMSI)

　　IMSI 是国际上为唯一识别一个移动用户所分配的号码,相当于终端用户的身份证号, 存储在 SIM 卡中。

　　IMSI 由 15 位数字组成:前 3 位是移动国家码(Mobile Country Code,MCC),例如,中 国的 MCC 为 460;中间 2 位或者 3 位数字是移动网络码(Mobile Network Code,MNC),例 如,中国移动的 MNC 为 00、02 或 07,中国联通的 MNC 为 01,中国电信的 MNC 为 03;最后 剩余的数字是移动用户识别码(Mobile Subscriber Identity Number,MSIN),用于识别某运 营商移动网络中的用户。其中,MCC+MNC=PLMN ID,就是某运营商移动网络的标识, 记作 PLMN ID。

　　移动网络通过 IMSI 识别用户身份及其对应的权限,这些信息被永久性地存放在 2G/ 3G 网络中的归属位置寄存器(Home Location Register,HLR)或 4G 网络中的 HSS 服务器 数据库中。只要用户没有注销,其信息会一直被存放在该寄存器或服务器中,且与 SIM 卡 中的信息是一致的。

　　我们知道,打电话时寻址目标终端,拨出去的号码是手机号,而不是 IMSI,这就意味着 在呼叫建立的过程中,需要先把目标终端的手机号转换成目标终端的 IMSI。

　　(4) 临时移动用户识别码(Temporary Mobile Subscriber Identity,TMSI)

　　为了保证用户及信息安全,在无线接口上要尽量避免使用 IMSI 这样的永久性识别码, 而是采用另外一种号码临时代替 IMSI 在网络中进行传递,这就是 TMSI。在 2G/3G 网络 中,TMSI 由 MSC/VLR 进行分配,并不断地进行更换,以防止非法个人或团体通过监听无 线链路上的信令,窃取 IMSI 或跟踪用户的位置。

同样地,为了加强系统分组域业务的保密性,需要在用户登录到网络时,由 SGSN 分配一个临时标识——分组临时移动用户识别码(Packet Temporary Mobile Subscriber Identity,P-TMSI),它在某一 SGSN 区域内与 IMSI 唯一对应。当用户关机时,P-TMSI 会和未使用的鉴权参数保存在一起,这样用户再次返回到网络时,能够避免使用 IMSI。SAE 临时移动用户识别码(SAE Temporary Mobile Subscriber Identity,S-TMSI)则是在 LTE 里由 MME 分配的临时用户标识,相当于 P-TMSI 在 UMTS 中的作用。

需要说明的是,在一些特殊情况下,如 UE 还没有分配 P-TMSI 或 S-TMSI 的情况下,或者节点重启的时候,则需要通过 IMSI 寻呼。

(5)全球唯一临时 UE 识别码(Globally Unique Temporary UE Identity,GUTI)

GUTI 是 EPS 新增的终端标识,在网络中唯一标识 UE,可以减少 IMSI、IMEI 等用户私有参数暴露在网络传输中。

GUTI 由核心网分配。UE 第一次附着到网络时携带 IMSI,之后 MME 会将 IMSI 和 GUTI 进行对应,以后就一直用 GUTI。5G 中引入了 5G-S-TMSI,5G-S-TMSI 是 5G-GUTI 的缩短形式,引入 5G-S-TMSI 是为了使空口信令消息更小,提升空口效率。例如寻呼时,只需要用 5G-S-TMSI 寻呼移动台即可。

(6)无线网络临时识别码(Radio Network Temporary Identity,RNTI)

RNTI 是由基站分配给 UE 的一个动态标识,唯一标识了一个小区空口下的 UE,只有处于连接态的 UE,RNTI 才有效。

在 LTE 中,定义了多种不同的 RNTI,用于标识不同的 UE 信息。不同 RNTI 的使用与其所在的传输信道有关,详细内容将在第 3 章的分层信道结构中介绍。不同的 RNTI 所完成的"任务"是不同的,但是 RNTI 的工作原理却都是一样的,即利用 RNTI 去加扰无线信道信息的循环冗余校验码(Cyclic Redundancy Check,CRC)部分,也就是如果 UE 侧的 RNTI 值不同,即使 UE 接收到信息,也无法正确解码。

2. 小区标识

小区是提供 UE 接入的最小单位,可以包括多个扇区和多个频点。因此,可以从不同层面将小区划分为不同的物理小区和逻辑小区。

基站的一个射频(Radio Frequency,RF)模块包括一个频段,可以有多个在这个频段上的频点。物理小区是指一个射频模块的一个频点所覆盖的区域。

逻辑小区是指逻辑上为用户提供服务的区域,是从无线资源管理的角度划分的。工作在同一个频点并且覆盖范围不同,且不重叠的物理小区可以合并成一个逻辑小区。也就是说,分布式基站通过 RRU 拉远,一个站点下的多个物理小区分属不同的物理地址,但是逻辑上属于同一个小区。

(1)物理小区标识(Physical Cell Identity,PCI)

PCI 是物理小区标识,顾名思义,其作用是识别物理小区。LTE 网络中的 UE 以此区分不同小区的无线信号,一般用于小区搜索或者切换过程中的邻区检测等。

PCI 由主同步信号(Primary Synchronization Signal,PSS)和辅同步信号(Secondary Synchronization Signal,SSS)组成。

- PSS 有 3 种不同序列,构成物理层识别(0～2)。
- SSS 有 168 种不同序列,构成物理层小区识别组(0～167),在 168 个物理层小区识别组中,每组 3 个物理层标识。

- PCI＝3×SSS＋PSS，因此 PCI 的范围为 0～503，数量是有限的。

现实组网不可避免地要对 PCI 进行复用，可能造成相同 PCI 由于复用距离过小而产生冲突。若相邻小区配置相同的 PCI，相当于 PSS 相同、SSS 相同，那么在 UE 的初始小区搜索过程中，对于 UE 来说，仅有一个小区能同步。但此时在主同步过程和辅同步过程中，会出现两个同步码相同的小区，彼此发生冲突，导致同步时间很长。另外，若主服务小区的两个邻区存在相同 PCI 的配置，在切换过程中，UE 检测目标小区时就会出现异常，将无法决定切换到哪一个小区，因此就可能切换到不满足条件的小区，造成业务掉话。

PCI 规划的目的就是为每个 eNodeB 的小区合理分配 PCI，确保同频同 PCI 的小区下行信号之间不会互相产生干扰，避免影响手机正确同步和解码正常服务小区的导频信道。PCI 规划最简单有效的原则是将不同小区的时频资源分散、错开，避免不同小区的广播/控制信道干扰。例如把不同小区的参考信号（Reference Signal，RS）相互错开。对于单天线场景，仅有 6 个位置可以避免与邻区 RS 占用相同的时频资源位置，2×2 MIMO 则仅有 3 个位置可用。因此，3GPP 规定单天线按照 PCI 对 6 取模（MOD6）计算频域偏置，2×2 MIMO 的 PCI 规划则按照 MOD3 来错开 RS。

不难看出，RS 在 LTE 网络中是非常重要的。它是基站或手机端发出的预定义的周期性信号，用于接收端，作为从无线信道接收数据的参考。根据上、下行方向和作用的不同，LTE 系统中的 RS 包括多种不同的形式，其中，最重要的一种是小区特定的参考信号（Cell-specific Reference Signal，CRS），它对小区内所有 UE 都有效，其主要作用包括 UE 对基站下行物理信道的评估、获取信道状态信息（Channel State Information，CSI）和作为驻留小区选择的依据。

对于小区下行物理信道的质量评估，可以通过参考信号接收功率（Reference Signal Receiving Power，RSRP）、参考信号接收质量（Reference Signal Receiving Quality，RSRQ）和信号与干扰加噪声比（Signal to Interference plus Noise Ratio，SINR）这 3 个指标来衡量。

① RSRP 是 LTE 网络特定的测量参数。它是测量频段内承载所有参考信号射频发射功率的平均值，即 RSRP 的功率值代表了每个子载波的功率值。RSRP 的取值范围是 −140～−44 dBm，值越大越好，其覆盖强度级别如表 2.5 所示。

表 2.5 RSRP 的覆盖强度级别

RSRP/dBm	覆盖强度级别	说明
RSRP≤−105	6	覆盖差，业务基本无法起呼
−105＜RSRP≤−95	5	覆盖较差，室外语音业务能够起呼，但呼叫成功率低，掉话率高。室内业务基本无法发起
−95＜RSRP≤−85	4	覆盖一般，室外能够发起各种业务，可获得低速率的数据传输。但室内呼叫成功率低，掉话率高
−85＜RSRP≤−75	3	覆盖较好，室外能够发起各种业务，可获得中等速率的数据传输。室内能够发起各种业务，可获得低速率的数据传输
−75＜RSRP≤−65	2	覆盖好，室外能够发起各种业务，可获得高速率的数据传输。室内能够发起各种业务，可获得中等速率的数据传输
RSRP＞−65	1	覆盖非常好

RSRP 反映了参考信号的接收功率大小,是网络覆盖的基础,主要与基站站点密度、站点拓扑、工作频段、天线倾角/方位角等相关。目前网络中常用的覆盖评估指标是实测平均 RSRP 和小区边缘 RSRP。

② RSRQ 反映和指示当前信道的信噪比和干扰水平,通常其取值范围是-19.5~-3 dBm,值越大越好,值越大表示有用信号的质量越好。RSRQ 的计算公式为

$$RSRQ = N \times RSRP/RSSI \tag{2.2}$$

式中,N 是 LTE 载波接收信号强度指示(Received Signal Strength Indicator,RSSI)测量带宽的资源块(Resource Block,RB)个数。RSSI 是带宽内一个 OFDM 符号所有资源粒子(Resource Element,RE)上的总接收功率,包括服务小区和非服务小区信号、相邻信道干扰、系统内部热噪声等,反映当前信道的接收信号强度和干扰程度。

LTE 系统中可用 RB 的数量取决于带宽,LTE 系统带宽与 RB 的关系如表 2.6 所示。

表 2.6 LTE 系统带宽与 RB 的关系

LTE 系统带宽/MHz	1.4	3.6	5	10	15	20
RB	6	15	25	50	75	100

③ SINR 是测量频带内的小区承载参考信号的无线资源上的信号干扰噪声比,即有用信号电平与电磁噪声电平之间的比值,用分贝(dB)表示。SINR 的范围通常是 0~30 dB,一般值越大越好。

SINR 作为信道质量指示(Channel Quality Indicator,CQI)反馈的依据,在业务调度中发挥着重要作用。SINR 是从覆盖上反映网络射频质量的比较直接的指标。SINR 越高,反映网络覆盖、容量、质量越好,用户体验也越好。在满负荷的情况下,SINR 与除了 PCI 以外的所有射频参数相关;在空载的情况下,SINR 则与 PCI 规划强相关,且受到其他所有射频参数的影响。

(2) 全球小区识别码(E-UTRAN Cell Global Identity,ECGI)

在 LTE/SAE 系统中可以用 ECGI 或小区识别码(E-UTRAN Cell Identity,ECI)标识一个逻辑小区。

ECGI 用于在全球范围内唯一标识一个小区,由 MCC+MNC+ECI 组成。其中 MCC 和 MNC 与 IMSI 中的定义相同,ECI 是 PLMN 内具有唯一标识的小区码。ECI 的长度为 28 bit,包含基站的标识(eNodeB ID)。当 eNodeB 为宏基站时,eNodeB ID 的长度为 20 bit,此 eNodeB 最多可管理并定位 256 个小区;当 eNodeB 为小基站时,eNodeB 下只有一个小区。

(3) 跟踪区识别码(Tracking Area Identity,TAI)

跟踪区(Tracking Area,TA)是 LTE/SAE 小区级的配置,多个小区可以配置相同的 TA,且一个小区只能属于一个 TA,其作用与 2G/3G 网络中的位置区和路由区相似,是用来进行寻呼和位置更新的区域。简单来说,TA 标识用户当前所在的位置,用于位置管理。

2G/3G 网络中的位置区和路由区分别用位置区识别码(Location Area Identity,LAI)和路由区识别码(Routing Area Identity,RAI)进行唯一标识。在 LTE/SAE 中应该也能通过这些标识找到源 CN 中的 UE 上下文。每个跟踪区用 TAI 来进行唯一标识,TAI 是由

MCC、MNC 和跟踪区代码(Tracking Area Code,TAC)组成的,这样可以支持 2G/3G/LTE 的移动性和互操作性。详细内容将在第 10 章进行介绍。

上述这些小区的标识会在小区的广播消息中一起进行广播,为 UE 接入网络提供必要条件。

3. 网络连接标识

LTE 网络是一个没有电路域、只有分组域的全 IP 移动网络,因此 UE 必须连接到至少一个 PDN 才能执行数据通信的工作。也就是说,在用户连接到网络的时候,由 IMSI 唯一标识的 UE 还应该有临时或者永久地为其分配的一个 IP 地址,用于 IP 连接的寻址。

（1）接入点名称(Access Point Name,APN)

从严格意义上讲,PDN 可以分为内部 PDN 和外部 PDN。内部 PDN 即 EPS 系统中的分组数据网络,用于 EPS 系统实体(如 MME、HSS、S-GW、P-GW、PCRF)之间的网络通信;外部 PDN 是 EPS 系统之外的分组数据网络,如互联网、企业专用网等。PDN 连接在目前的网络中就是指 IP 连接,但 PDN 连接的概念不仅仅是 IP 地址,还包括支撑这个 IP 地址和 PDN 连接的 QoS 等内容。

每个 P-GW 都具有一个名称标识,用于表示 P-GW 对接的 PDN,这就是 APN。例如,中国移动对接 Internet 的 APN 叫作 CMNet,对接 IMS 网络的 APN 叫作 IMS,对接物联网的 APN 叫作 cmiot。UE 可以同时连接到多个 APN,就是与多个不同的 P-GW 建立 PDN 连接。这样,EPS 系统中的相关实体就可以解析 APN,如同 UMTS 网络中 SGSN 通过解析 APN 获得 GGSN 的地址,GGSN 能够解析出 PDN 的地址,从而进行数据传输时的寻址。

（2）EPS 承载识别码(EPS Bearer Identity,EBI)

在 LTE/SAE 系统中,P-GW 位于 EPC 和 PDN 的边界,EPS 承载存在于 UE 和 P-GW 之间。EPS 承载可以看作 UE 和 P-GW 之间的逻辑电路,用来识别 UE 连接某个外部 PDN 时采用相同 QoS 控制的数据流。

在通常情况下,根据接口和协议类型,可以把 UE 到 P-GW 之间的承载分为 3 段:Uu 接口的无线承载、S1 接口的无线接入承载(E-RAB)、S5/S8 接口的 S5/S8 承载。可以说,EPS 承载是 PDN 连接的一个子集。因此,每段承载也需要由相应的识别码来进行唯一标识,而且应采用与 PDN 连接类似的识别码来标识 EPS 承载,即 EBI。

EBI 是由 MME 分配的,用于表示不同的 EPS 承载,在承载建立过程中传递给 S-GW/P-GW 使用,MME 还会通过 NAS 消息将其传递给 UE。

（3）隧道端点标识符(Tunnel Endpoint Identifier,TEID)

GTP-U 是用于一对 GTP-U 隧道端节点间的通信协议,它将 UE 发送的用户数据在 IP/UDP 之上封装成 T-PDU。当该 GTP-U 隧道建立后,发送节点向接收节点发送 GTP-U 消息时,该 GTP-U 消息头中将携带接收节点所分配的 TEID 值,指示特定的 T-PDU 属于哪个隧道。

注意:TEID 由 GTP-U 隧道的接收端本地分配,供发送端使用。

2.4 实验内容

2.4.1 基站连接外网

按照图2.9搭建实验系统:首先将核心网的网口(S1-MME 9.100和S1-U 9.101)连接到交换机,并将核心网的另一个网口(SG1 192.168.10.100)连接到路由器的LAN口,然后将基站的一个网口与路由器的LAN口相连,最后将路由器的WAN口连接至外网。至此便实现了基站与外部网络的连接。

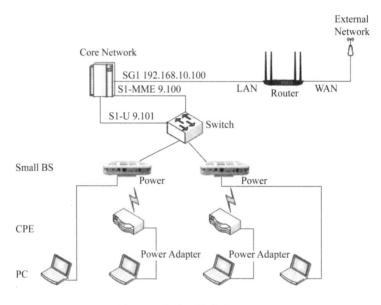

图2.9 实验环境搭建原理图

2.4.2 CPE与基站的配置

CPE配置:将CPE的POE网口连接至计算机的网口,配置计算机的IP地址为动态获取方式。在浏览器中输入"192.168.150.1",打开UE界面,输入用户名和密码(均为admin),进入主界面进行操作,如图2.10所示。

基站配置:给基站供电之后,将基站的一个网口连接至计算机,配置计算机的IP地址为动态获取方式。如图2.11所示,在浏览器中输入"192.168.150.1",打开基站界面,输入用户名和密码(均为admin),进入主界面查看并配置信息,如图2.12所示。

注意,若修改基站的某些设置,系统可能要求重启。此时应该单击重启按钮,并等待一段时间,基站重启界面如图2.13所示。

图 2.10　CPE 登录界面

图 2.11　基站登录界面

图 2.12　基站信息查看和配置

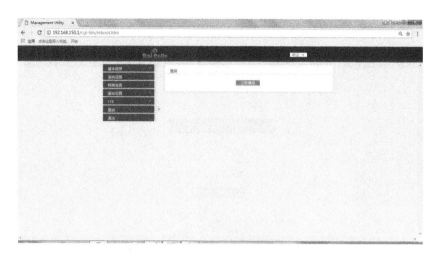

图 2.13 基站重启界面

2.4.3 CPE 连接到基站

打开 CPE 的终端界面,单击"LTE→扫描方式",设置扫描方式为"锁定 PCI",并输入目标基站的频段和 PCI,添加列表,然后保存并应用(也可设置为全频段扫描,但此时 CPE 可能会连接到其他基站)。单击"状态",查看 CPE 是否成功连接到基站。若 CPE 成功接入,在"状态→总览"页面上会显示基站信息和测量信息(RSRP、SINR 等),如图 2.14 所示。

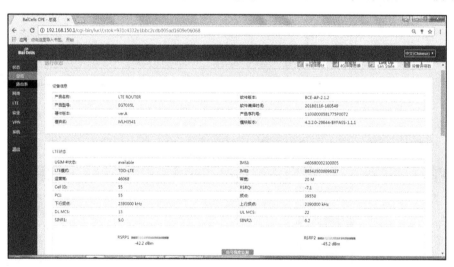

图 2.14 CPE 端显示的状态信息

2.4.4 使用 Sequans DM 软件进行数据抓包

CPE 成功连到基站后,在连接 CPE 的计算机上,打开 Sequans DM 软件,单击"File→preference",将"Main"和"Sequans DM"选项的地址改为 169.254.0.1,如图 2.15 所示。

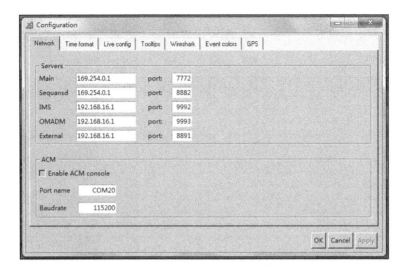

图 2.15　Sequans DM 主界面配置

以管理员身份打开命令行窗口,添加路由"route add 169.254.0.0/16 192.168.150.1",显示操作完成,如图 2.16 所示。

```
C:\Windows\system32>route add 169.254.0.0/16 192.168.150.1
```

图 2.16　命令行添加路由

安装 Wireshark 软件(如果已安装请忽略)。Wireshark 安装完成后,在 Sequans DM 软件的"Wireshark"选项中,单击"Browse",选择 Wireshark 的安装目录,然后依次单击"Apply→OK"。

在 Sequans DM 主界面单击"Views→CLI for UE",可以在下方的输入框分别输入"poweroff"和"poweron"来实现 CPE 的关闭和启动,如图 2.17 所示。

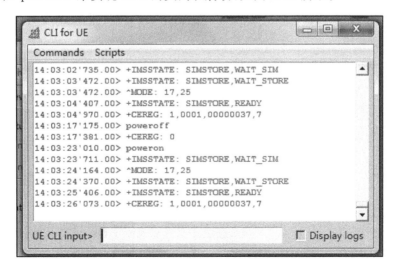

图 2.17　CPE 的关闭和启动

在 Sequans DM 主界面单击"Views→New Event View",可以打开一个新的信令查看界面,勾选右下方想要查看的信令内容,便可以在界面上查看 UE 和网络间的信令交互情况,如图 2.18 所示。

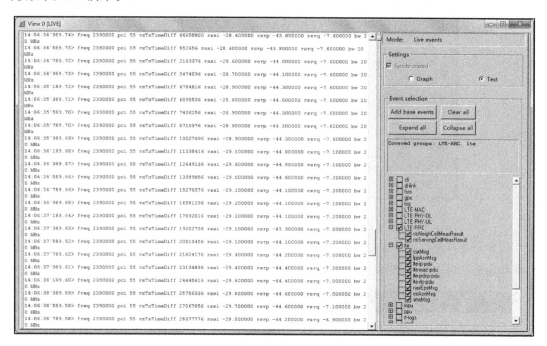

图 2.18　Sequans DM 软件抓包示意图

2.4.5　无线网络参数配置

熟悉无线网络的主要参数,以及不同参数设置对系统性能的影响,图 2.19 和图 2.20 所示分别是无线网络参数配置和对应的网络传输性能,可以改变图 2.19 中的各个参数,观察网络传输性能的变化。

图 2.19　无线网络参数配置

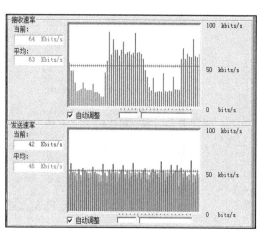

图 2.20　无线网络收发速率对比

第3章 终端开机入网流程

3.1 实验目的

- 熟悉移动通信终端的入网流程；
- 了解 SIM 卡写卡过程。

3.2 实验设备

实验硬件清单如表 3.1 所示。

表 3.1 实验硬件清单

序号	名称	数量
1	TDD 室内型小基站	1 台
2	客户终端设备(CPE)	1 台
3	计算机	1 台
4	路由器	1 台
5	交换机	1 台
6	核心网服务器	1 台
7	读卡/写卡器	1 套
8	空白 SIM 卡	1 张

实验软件清单如表 3.2 所示。

表 3.2 实验软件清单

序号	名称	数量
1	Sequans DM 软件	1 套
2	读卡/写卡器软件	1 套

3.3 实 验 原 理

当 UE 开机后或在漫游中,它的首要任务是找到网络,并与网络取得联系,只有这样才能获得网络服务。接下来将详细介绍终端开机入网流程,总体流程如图 3.1 所示。

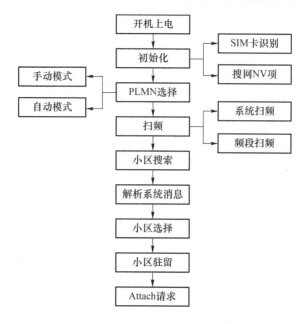

图 3.1 终端开机入网的总体流程

终端开机上电后,首先要进行一系列初始化操作,图 3.1 涉及 SIM 卡识别和搜索网络相关 NV 项。NV 指的是非易失性存储器(Non-Volatile memory),顾名思义,数据一旦写入,即使掉电也不会丢失信息,例如,记录手机的射频参数写入 NV 后,下次重启仍然会保留原有设置。

3.3.1 SIM 卡

"终端"指手机本身,是由手机硬件决定的。而"用户"指使用手机的账号,由用户识别模块 SIM 卡决定,因此,通常称 SIM 卡为用户标识。传统 SIM 卡是实体卡,主要用于数据存储。SIM 卡存储的数据包括以下 4 类。

① 固定存放的数据。这类数据是由 SIM 卡中心写入的,包括 IMSI、鉴权密钥(Key Identifier,KI)、鉴权和加密算法等。

② 暂时存放的有关网络的数据,如 LAI、TMSI、禁止接入的公共电话网代码等。

③ 相关的业务代码,如个人身份识别码(Personal Identification Number,PIN)、解锁码(PIN Unlocking Key,PUK)、计费费率等。

④ 电话号码簿,是手机用户输入存储的电话号码。

SIM 卡一项重要的功能是进行鉴权和加密。当用户移动到新的区域拨打或接听电话时,交换机都要对用户进行鉴权,以确定是否为合法用户。这时,SIM 卡和移动网络中的交换机同时利用鉴权算法,对鉴权密钥和网络提供的不可预知的随机数进行计算,计算结果一致的 SIM 卡通过认证,否则,SIM 卡被拒绝,用户无法进行呼叫。SIM 卡还可利用加密算法对通信内容进行加密,防止窃听。

在终端开机入网流程中,只有得到 SIM 卡的“available”状态之后,才会进行 PLMN 选择。“available”表示 SIM 卡状态正常,“not available”表示 SIM 卡不可用,可能是由 SIM 卡插入不正确引起的。

SIM 卡按照尺寸大小可以分为 3 类,如图 3.2 所示。

① mini-SIM 卡,尺寸为 25 mm×15 mm。

② micro-SIM 卡,尺寸为 12 mm×15 mm。

③ nano-SIM 卡,尺寸为 12 mm×9 mm。

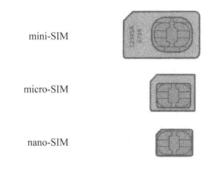

图 3.2　SIM 卡的类型

在 2G、3G、4G 时代,SIM 卡伴随着用户走过多年,但在 4G＋、5G 时代,e-SIM 卡可能会取代实体 SIM 卡。e-SIM 卡作为智能手机功能模块的一部分,直接将传统 SIM 卡功能嵌入设备芯片上,而不是作为独立实体单独配备。采用了 e-SIM 卡功能的手机,可以通过软件方式来实现网络转换。用户更换运营商或者手机号码时,只需要通过网络操作即可,不必更换 SIM 卡。尽管 SIM 卡和 e-SIM 卡在形态上有所不同,但二者实现的功能相似。为了方便展示,本书中的实验采用实体 SIM 卡。

接下来我们系统地介绍 LTE 系统的信道结构和终端的状态,以便更好地描述和理解终端开机入网流程。

3.3.2　LTE 系统的信道结构

信道就是信息传输的通道。不同的信息类型需要经过不同的处理过程,根据信息类型的不同、处理过程的不同,可将信道分为多种不同类型。

为提升信道效率,LTE 系统采用分层的信道结构,如图 3.3 所示。它的内部共有 3 种不同的信道类型:逻辑信道、传输信道和物理信道。每一种信道都与不同层间的业务接入点(Service Access Point,SAP)相连。物理信道是物理层的,物理层以传输信道的形式为 MAC 层提供服务,MAC 层又以逻辑信道的形式为 RLC 层提供服务。

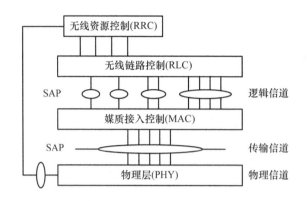

图 3.3　LTE 系统的信道结构

1. 逻辑信道:传输什么

MAC 层通过逻辑信道为 RLC 层提供服务。逻辑信道关注的是传输什么内容,每个逻辑信道根据所携带的信息类型进行定义。在 LTE 网络中,根据所提供的服务类型,可以把逻辑信道分为两大类:逻辑控制信道和逻辑业务信道。逻辑控制信道主要有以下 5 类。

- 广播控制信道(Broadcast Control Channel,BCCH):属于下行链路公用信道,用于向小区内的所有用户广播系统控制信息。BCCH 所传送的信息(如系统带宽、天线配置及参考信号功率等)是在用户实际工作开始之前,做一些必要的通知工作。如果没有它,业务信道就不知如何开始工作。

- 寻呼控制信道(Paging Control Channel,PCCH):属于下行链路信道,用于给小区内的注册 UE 发送寻呼消息,一般用于被叫流程(主叫流程比被叫流程少一个寻呼消息)。

- 公共控制信道(Common Control Channel,CCCH):是上、下行双向和点对多点的控制信息传送信道,用于在 UE 和网络没有建立 RRC 连接时传输控制信息,如处于闲置状态。通常 CCCH 用在随机接入过程中。

- 专用控制信道(Dedicated Control Channel,DCCH):是上、下行双向和点到点的控制信息传送信道,在 UE 和网络建立了 RRC 连接以后使用。

- 多播控制信道(Multicast Control Channel,MCCH):是点对多点的下行信道,用于向小区内的 UE 发送控制信息。一个 MCCH 可以支持一个或多个多媒体广播多播业务(Multimedia Broadcast Multicast Service,MBMS)信道配置。

MAC 层提供的逻辑业务信道有以下 2 类。

- 专用业务信道(Dedicated Traffic Channel,DTCH):是 UE 和网络之间的点对点和上、下行双向的业务数据传送信道。

- 多播业务信道(Multicast Traffic Channel,MTCH):是 LTE 中区别于以往制式的一大特色,是一个点对多点的从网络侧向 UE 传送 MBMS 的数据传送信道。

2. 传输信道:如何传输

物理层通过传输信道为 MAC 层提供服务。传输信道关注的是怎样传,形成怎样的传输块(Transport Block,TB)。不同类型的传输信道对应的是空中接口上不同信号的基带处理方式,如调制编码方式、交织方式、冗余校验方式、空间复用方式等内容。根据对资源占用程度的不同,传输信道分为共享信道和专用信道,前者是多个用户共同占用信道资源,而后者是由单个用户独占信道资源。

LTE 传输信道只有公共信道,存在两种 MAC 实体:一种位于 UE 内,一种位于E-UTRAN内。可将 LTE 传输信道分为上行传输信道和下行传输信道。

LTE 下行传输信道有以下 4 类。

- 广播信道(Broadcast Channel,BCH):是一种和 BCCH 逻辑信道相关的下行信道,用于向小区内的所有用户广播特定的系统消息。BCH 在整个小区内发射,采用规范定义的固定格式、发送周期、调制编码方式,不允许灵活变动。
- 寻呼信道(Paging Channel,PCH):是一种和 PCCH 逻辑信道相关的下行信道,用于在整个小区内发送寻呼消息。为了减少 UE 的耗电量,UE 支持寻呼消息的非连续接收机制(Discontinuous Reception,DRX)。为了支持终端的 DRX,PCH 的发送与物理层发送寻呼指示是前后相随的。
- 下行共享信道(Downlink Shared Channel,DL-SCH):用于传输下行数据,可以是控制信令,也可以是业务数据。由此可见,该信道与逻辑控制信道和逻辑业务信道均有关。它支持 HARQ、自适应调制编码(Adaptive Modulation and Coding,AMC)、传输功率的动态调整、动态和半静态的资源分配。
- 多播信道(Multicast Channel,MCH):与 MCCH 和 MTCH 逻辑信道相关,用于传输多播/广播业务。它规定了给多个用户传送数据的传输格式,在多小区发送时,支持多播/组播单频网络(Multicast Broadcast Single Frequency Network,MBSFN)传输。MCH 支持半静态的无线资源分配。

LTE 上行传输信道有以下 2 类。

- 随机接入信道(Random Access Channel,RACH):是一种特殊的不映射到任何逻辑信道的上行传输信道。仅传输相对少量的数据,用于初始接入或者 RRC 状态发生改变时。由于终端和网络还没有正式建立连接,RACH 使用开环功率控制。RACH 发送信息时采用基于竞争的资源申请机制。
- 上行共享信道(Uplink Shared Channel,UL-SCH):和下行共享信道功能一样,也支持 HARQ、AMC、传输功率的动态调整、动态和半静态的资源分配,只是方向不同,可以与 CCCH、DCCH 和 DTCH 逻辑信道建立联系。

3. 物理信道:实际传输

物理信道是高层信息在无线环境中的实际承载,就是确定好编码交织方式、调制方式后,在特定的射频资源,如时隙(时间)、子载波(频率)、天线端口(空间)上发送数据的无线通道。根据物理信道所承载的信息不同,定义了不同类型的物理信道。

下行方向有 6 类物理信道,分别如下。

- 物理广播信道(Physical Broadcast Channel,PBCH):与 BCH 传输信道相对应,携带的是小区 ID 等系统信息,用于小区搜索过程。
- 物理下行共享信道(Physical Downlink Shared Channel,PDSCH):与 DL-SCH 和PCH 传输信道有关,承载的是下行用户数据和高层信令。
- 物理下行控制信道(Physical Downlink Control Channel,PDCCH):携带与 DL-SCH和 PCH 传输信道有关的传输格式和资源分配信息,以及与 DL-SCH 相关的 HARQ

信息；它还告知 UE 传输格式、资源分配信息以及与 UL-SCH 相关的 HARQ 信息。

- 物理控制格式指示信道（Physical Control Format Indicator Channel，PCFICH）：通知 UE 在 PDCCH 中使用的 OFDM 符号的数目。
- 物理 HARQ 指示信道（Physical Hybrid ARQ Indicator Channel，PHICH）：与 OFDM 特性强相关的信道，承载的是与上行数据传输相关的 HARQ 的 ACK/NACK 信息。
- 物理多播信道（Physical Multicast Channel，PMCH）：类似于可点播节目的电视广播塔，PMCH 承载多播信息，负责把来自高层的节目信息或相关控制命令传给终端。

上行方向有 3 类物理信道，分别如下。

- 物理随机接入信道（Physical Random Access Channel，PRACH）：承载 UE 发出的随机接入前导，网络一旦应答了，UE 便可进一步与网络沟通信息。
- 物理上行共享信道（Physical Uplink Shared Channel，PUSCH）：与 UL-SCH 传输信道有关，承载的是上行用户数据和高层信令，采用与 PDSCH 类似的共享机制。
- 物理上行控制信道（Physical Uplink Control Channel，PUCCH）：携带包括信道质量指示（Channel Quality Indicator，CQI）、HARQ 对下行传输的 ACK/NACK 和上行调度请求等在内的上行控制信息。

4. 信道映射

从对不同信道类型的描述中可以看出，经过 MAC 层处理的消息向上传给 RLC 层的业务接入点，成为逻辑信道的消息；向下传送到物理层的业务接入点，成为传输信道的消息。

信道映射是指逻辑信道、传输信道、物理信道之间的对应关系，这种对应关系包括底层信道对高层信道的服务支撑关系，以及高层信道对底层信道的控制命令关系。图 3.4 所示为 LTE 的信道映射关系。从图 3.4 中可以看出，由于信道简化、信道职能加强，LTE 的信道映射关系非常清晰。

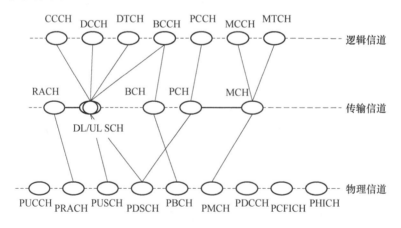

图 3.4　LTE 的信道映射关系

根据第 2 章介绍的移动网络中的标识，我们知道 LTE 网络定义了多种不同的 RNTI，用于区分不同的 UE 信息，以下是几种常见的 RNTI。

- P-RNTI（Paging RNTI）：用于解析寻呼信息，对应 PCCH。

- SI-RNTI(System Information RNTI)：用于系统信息块(System Information Block，SIB)的传输，对应 BCCH。
- RA-RNTI(Random Access RNTI)：用于 PRACH 的响应，对应 RACH Response 的 DL-SCH。
- C-RNTI(Cell RNTI)：用于传输 UE 的业务信息。
- T-CRNTI(Temporary C-RNTI)：主要在 RACH 中使用，对应 PUSCH 中 Random Access Response Grant 的消息。
- SPS-C-RNTI(Semi Persistence Scheduling C-RNTI)：半持续调度的 C-RNTI，用于半持续调度的 PDSCH 传输。
- TPC-PUCCH-RNTI(Transmit Power Control-Physical Uplink Control Channel-RNTI)：用于解析 PUCCH 上行功率控制信息。
- TPC-PUSCH-RNTI(Transmit Power Control-Physical Uplink Shared Channel-RNTI)：用于解析 PUSCH 上行功率控制信息。
- M-RNTI(MBMS RNTI)。

在使用过程中，UE 会在 PDCCH 的公共搜索空间中搜索公用的 RNTI，如 P-RNTI、SI-RNTI；而其他的 RNTI 会在专用搜索空间中搜索和自己对应的信息，如果搜到自己对应的信息，就到 PDSCH 去解读。

3.3.3　终端的状态

定义终端的状态是为了追踪用户位置，并尽可能节约资源。节约资源包括节约无线信道资源和节约终端电池资源，这两点在绝大多数情况下是一致的，例如：

- 终端没有业务，就不需要注册到网络，发射天线和接收天线就都可以关闭了；
- 如果终端只需开启接收天线，就不要开启发射天线，因为发射更费电；
- 在保证信令和数据传送不影响上层业务的情况下，能不连续传送就不连续传送，这样可以节约电量。

为了达到上述目的，LTE 网络分别定义了 EPS 移动性管理(EPS Mobility Management，EMM)状态、EPS 连接管理(EPS Connection Management，ECM)状态和 RRC 状态。

1. EMM 状态

EMM 是移动性管理，就是管理终端的移动性。移动性流程不仅包括所有追踪用户位置的相关流程，还包括这些流程中的安全、标识分配，如附着(Attach)、分离(Detach)、鉴权、寻呼(Paging)、切换(Handover)、跟踪区更新、业务请求等。

EMM 状态包括 EMM-Deregistered 状态和 EMM-Registered 状态，即非注册态和注册态。终端通过附着流程注册到网络，进入 EMM-Registered 状态。一旦注册到网络，终端的位置信息就会被网络获知，网络可以和终端建立连接。网络和终端之间是能够达到可以直接发送数据的程度，还是只达到要通过寻呼并等待终端应答后才能发送数据的程度，取决于 ECM 状态。

2. ECM 状态

ECM 状态涉及 EPS 会话管理(EPS Session Management,ESM),是与用户面数据连接有关的概念,包括连接的创建、删除、修改等流程。

ECM 状态分为 ECM-Idle 状态和 ECM-Connected 状态,即空闲态和连接态。

需要注意的是,当我们谈到 ECM 状态时,终端必须已经处在 EMM-Registered 状态,此时如果 MME 和终端之间没有信令连接,终端就处于 ECM-Idle 状态;如果 MME 和终端之间有信令连接,终端就处于 ECM-Connected 状态。终端和 MME 之间的信令连接包括 UE 和 eNodeB 之间的 RRC 连接,以及 eNodeB 和 MME 之间的 S1 接口 NAS 信令的连接。

3. RRC 状态

UE 根据是否建立 RRC 连接,分为两种状态:如果已经建立了 RRC 连接,则 UE 处于 RRC-Connected 状态,否则,UE 处于 RRC-Idle 状态。

- RRC-Connected 状态:E-UTRAN 分配无线资源给 UE,以便通过共享数据信道进行数据(单播)传输。为支持这种操作,UE 监视 PDCCH 来获取 UE 动态分配的时域和频域共享的传输资源。UE 向网络提供下行信道质量和邻小区信息,以便 E-UTRAN 为 UE 选择一个最合适的小区。在连接状态下,UE 也会接收系统信息。
- RRC-Idle 状态:设备的射频单元处于低功率状态,只监听来自网络的控制信号。UE 可进行小区选择与重选,通过监视寻呼消息检测来电被叫的发生,同时获取系统信息。

EMM、ECM 和 RRC 状态随着 EMM 过程的处理发生改变。因为 RRC 连接是 ECM 连接的一部分,所以从 UE 的角度看,ECM 和 RRC 总是保持相同的状态。图 3.5 描述了状态转换的过程,以及触发状态转换的事件。

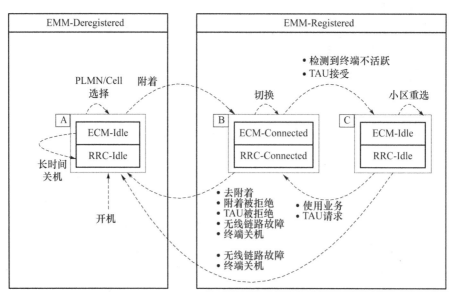

图 3.5 UE 在 MME 处的状态

在图 3.5 中,EMM、ECM、RRC 状态的组合用 A、B、C 表示。用户在使用移动终端的过程中将会对应这些组合中的一种,如表 3.3 所示。

表 3.3　不同 EMM、ECM、RRC 状态下的用户体验

	状态	用户体验举例
A	EMM-Deregistered＋ ECM-Idle＋ RRC-Idle	• 终端用户签约后首次开机或终端长时间关机后再开机(此时 LTE 网络无 UE 上下文) • 终端关机后在一定时间内开机或通信过程中由于无线链路故障而失去 ECM 连接(此时一些 UE 上下文自上次附着后仍然存储在网络中)
B	EMM-Registered＋ ECM-Connected＋ RRC-Connected	• 终端连接到网络(MME)并使用业务(如上网、看直播电视等) • 终端的移动性由切换过程处理,切换完成后进行跟踪区更新(Tracking Area Update, TAU)
C	EMM-Registered＋ ECM-Idle＋ RRC-Idle	• 终端已接入网络(MME),但未使用任何业务 • 终端的移动性由小区重选过程处理

由上述应用场景,我们可以得出以下结论。

- 在 EMM-Deregistered 状态下,网络是无法找到 UE 的。
- 在 EMM-Registered / ECM-Connected 状态下,UE 有 RRC 连接及 S1-MME 连接,说明此时终端处于活跃通信模式。
- 在 EMM-Registered / ECM-Idle 状态下,网络通过寻呼过程可以找到 UE。也就是说,终端注册到网络之后,并不是每时每刻都具备用户面数据传送能力。

此外,5G 网络为了减少信令开销和降低终端功耗,并支持万物互联的物联网应用,引入了一个新的状态:RRC-Inactive。这里不对该状态做详细介绍,只简单说明它为什么能起到省电和减少时延的作用。

首先,UE 在进入 RRC-Inactive 状态时会保留核心网的上下文,不会进行释放,并且核心网侧不知道 UE 进入了 RRC-Inactive 状态,即对于核心网该状态是透明的。在 RRC-Inactive 态下如果有数据接收或发送,需要跃迁至 RRC-Connected 态时,只需要通过随机接入过程携带核心网的 UE 唯一标识进行恢复即可。

其次,RRC-Inactive 态跃迁至 RRC-Connected 态与 RRC-Idle 态跃迁至 RRC-Connected 态是不同的。当 UE 从 RRC-Connected 态跃迁至 RRC-Idle 态时,需要释放核心网的上下文,也就是释放 RRC-Idle 态跃迁至 RRC-Connected 态时所申请的上下文。注意,在申请上下文时,需要与核心网侧进行信令的交互。

最后,UE 接收基站的信令消息时都需要去盲检 PDCCH,以便知道信令所在的资源位置,而 RRC-Inactive 态跃迁至 RRC-Connected 态时,由于 UE 并没有释放上下文,并且核心网侧也不需要再次分配上下文,因此减少了信令的接收过程。接收信令消息的减少,进而减少了 UE 去盲检 PDCCH 所带来的耗电以及空口传输带来的传输时间。

3.3.4　终端开机工作流程

UE 开机之后,系统首先进行初始化,UE 会读取自身 SIM 卡中存储的信息,判断有没

有存储先验信息。例如,是否已知所用的 SIM 卡是哪个 PLMN 的,该信息用于 PLMN 选择。然后进行小区选择,选择一个合适或者可接纳的小区后,驻留并进行附着。附着过程实现 UE 在网络中的注册,然后就可以发起各种业务了。否则,当拨打未完成注册的号码时,就会听到类似于"对不起,您所拨打的电话已关机"的提示音。

与此相反,UE 关机时一般会发起 Detach 过程,通知核心网去附着。去附着过程实现 UE 在网络中的注销,以免被叫时进行无谓的寻呼,浪费信道资源。

下面我们将按照图 3.1 所示的终端开机工作的先后顺序,分步骤介绍其入网流程。

1. PLMN 选择

PLMN 一般是指由电信管理部门批准的移动通信运营商以向公众提供陆地移动通信业务为目的而建立和运营的网络。具体到我国,每个移动通信运营商的网络就算一个 PLMN,因此中国移动、中国联通、中国电信和中国广电的网络是不同的 PLMN。当然,随着虚拟运营商的兴起,虚拟运营商也可以算作一个 PLMN。

因此,终端开机后面临的首要问题是选择一个可以接入的 PLMN。为此,UE 扫描所有的载频信道,如果搜索到了一个或多个 PLMN,就将满足信道质量门限要求的 PLMN 报告给 UE 的 NAS,NAS 在可用 PLMN 列表中选择接入的 PLMN。

由此可知,终端要维护几种不同类型的 PLMN 列表,每个列表中会有多个 PLMN 供 NAS 选择。

- RPLMN(Registered PLMN):已登记 PLMN,是终端在上次关机或离网前登记的 PLMN。
- HPLMN(Home PLMN):归属 PLMN,是终端用户归属的 PLMN,对于某一用户来说,其归属的 PLMN 只有一个。
- EPLMN(Equivalent PLMN):等效 PLMN,是与终端当前所选择的 PLMN 处于同等地位的 PLMN,其优先级相同。
- EHPLMN(Equivalent Home PLMN):等效本地 PLMN,是与终端当前所选择的 PLMN 处于同等地位的本地 PLMN,其优先级相同。例如,中国移动有 46000、46002、46007 3 个号段,46002 相对于 46000 来说就是 EHPLMN,这个号码是运营商烧卡时写入 SIM 卡中的。
- OPLMN(Operator Controlled PLMN):运营商控制 PLMN,是存储在 SIM 卡上的一个与 PLMN 选择有关的参数。运营商烧卡时将与该运营商签署了漫游协议的运营商 PLMN 作为 OPLMN 写入 SIM 卡,作为后面用户选网的建议。
- FPLMN(Forbidden PLMN):禁用 PLMN,是被禁止访问的 PLMN,通常终端在尝试接入某个 PLMN 被拒绝以后,会将其加到本列表中。

不同类型的 PLMN 其优先级是不同的。终端在进行 PLMN 选择时将按照以下顺序依次进行:RPLMN→EPLMN→HPLMN→EHPLMN→OPLMN→其他 PLMN。也就是说,终端按照优先级从高到低的顺序逐一搜索,找到的自然是最好的、可用的(能够提供正常业务的)PLMN。

PLMN 的选择有以下两种模式。

- 自动模式:这种方法是利用上文提到的 PLMN 优先级,优先选择优先级最高的 PLMN。
- 手动模式:在手动模式下,用户可以选择期望接入的 PLMN,移动终端会按照用户的要求注册 PLMN。

无论是哪种选择模式,UE 的 AS 都需要将现有的 PLMN 列表报告给 UE 的 NAS。如果有先验信息,如载波频率、小区参数等,则 PLMN 的搜索过程可以得到简化,NAS 指示 AS 按照先验信息的参数来进行 PLMN 搜索,并把结果上报给 NAS。但在无先验信息的情况下,UE 的 AS 会根据自身的能力和设置,进行全频段搜索,在每一个频点上搜索信号最强的小区,读取其系统信息并将其报告给 UE 的 NAS,由 NAS 来决定 PLMN 搜索是否继续进行。

2. 扫频

扫频就是频率扫描,以便找到符合当前所选 PLMN 的工作频点。LTE 扫频有两种方式:系统扫频(System Scan)和频段扫频(Band Scan)。

- 系统扫频:会扫描历史记录频点(最多保存 10 个历史频点)。
- 频段扫频:当系统扫频中的历史记录频点都失败时,会进行频段扫频。一般会从 Band1 开始,扫描手机支持的各个 Band 的频点,而在每个 Band 中会将所有频点按照 RSSI 大小进行排序,将达到信号强度门限值的频点按信号强度从高到低列出来,最多列出 50 个频点作为候选频点,然后在这 50 个频点中寻找合适的频点,直到找到一个符合当前网络的频点为止。

3. 小区搜索

小区搜索的目的是获取 PCI 和下行同步,具体过程如下。

(1)搜索主同步信号

终端首先搜索 PSS,同步到 PSS 的时间周期,就可以将网络发送的信号作为产生内部频率的参考,从而消除终端和网络之间的频率差。

(2)确定小区的 PCI

终端一旦检测到 PSS,就知道了 SSS 的发送定时。换句话说,PSS 和 SSS 都是具有特定结构的物理信号,通过检测 PSS/SSS 序列,UE 获得系统帧和子帧符号边界时间同步,就可以按照 PCI=3×SSS+PSS,计算出该物理小区的 PCI。

基于上述工作流程,UE 实现了对当前所处物理小区的时间和频率的同步,这样就能接收该小区的广播消息,如小区 ID 号、系统带宽等信息。

4. 解析系统消息

系统消息是终端在网络中正常工作所需的全部公共信息的统称。系统消息解析就是读取不断重复广播的主信息块(Master Information Block,MIB)消息和 SIB 消息。

UE 在获得帧同步以后就可以读取 PBCH 了。由于 PBCH 上承载着 MIB,但 MIB 仅包含系统消息中非常有限的一部分信息,如下行系统带宽、PHICH 配置信息、系统帧号等,因此终端需要通过这些信息获取网络广播的其余系统消息。其余系统消息由不同的 SIB 来承载,每个 SIB 包含不同类型的系统消息。

- SIB1 包含小区接入相关信息、小区选择信息和小区的 Band 信息,其中最重要的是是否允许一个终端驻留在某个小区的相关信息。在 TDD 系统中,还会包含上、下行子帧分配,以及特殊帧配置的相关信息。
- SIB2 包含终端能正常接入小区的必要信息,如上行小区带宽、随机接入的参数,以及有关上行功率控制的参数。
- SIB3 主要包含小区重选的相关信息。小区重选是指当 UE 成功驻留到一个小区后,如果没有发起接入,那么将启动 Idle 状态下的测量;若当前主小区的信道质量较差,而邻区的信道质量很好,则 UE 将试图重选到质量较好的目标小区中,此时 UE 会先尝试去接收目标小区的系统消息,然后对该小区的系统消息进行解析;假如该小区的系统消息适合驻留,UE 将重选到该小区上,并且重新启动测量,继续监控当前服务小区和邻区接收信号强度的变化。

- SIB4~SIB8 包含邻小区的相关信息,包括同频邻小区的相关信息、异频邻小区的相关信息,以及诸如 WCDMA/HSPA、GSM 和 CDMA2000 的非 LTE 小区的相关信息。

SIB 的发送频率取决于终端进入小区时,获取相应系统消息所需要的时间。通常来说,较低阶的 SIB 对时间要求更严格,因此相比于较高阶的 SIB 发送得更加频繁。SIB1 每 80 ms发送一次,而更高阶 SIB 的发送周期是灵活的,且在不同网络中可以是不相同的。

5. 小区选择

小区选择的目的是选择属于这个 PLMN 的信号最好的小区,以便实现驻留。

小区选择的准则是"S 准则",以 2 个指标作为判断条件,用于判断该小区是否能够驻留。"S 准则"描述如下:

$$S_{rxlev} > 0 \text{ 且 } S_{qual} > 0 \tag{3.1}$$

其中:

$$S_{rxlev} = Q_{rxlevmeas} - (Q_{rxlevmin} + Q_{rxlevminoffset}) - P_{compensation}$$
$$S_{qual} = Q_{qualmeas} - (Q_{qualmin} + Q_{qualminoffset})$$

上式中,各变量的含义如下。

S_{rxlev}:小区选择接收电平值(dB)。

S_{qual}:小区选择质量(dB)。

$Q_{rxlevmeas}$:UE 测量得到的目标小区电平值(RSRP)。

$Q_{qualmeas}$:UE 测量得到的目标小区质量(RSRQ)。

$Q_{rxlevmin}$:小区要求的最小接收电平值(dBm)。

$Q_{qualmin}$:小区要求的最小接收质量(dB)。

$Q_{rxlevminoffset}$:相对于 $Q_{rxlevmin}$ 的偏移量,防止"乒乓"小区选择。

$Q_{qualminoffset}$:相对于 $Q_{qualmin}$ 的偏移量,防止"乒乓"小区选择。

$P_{compensation}$:$\max(P_{EMAX} - P_{PowerClass}, 0)$(dB)。

P_{EMAX}:UE 在小区中被允许的上行最大发射功率。

$P_{PowerClass}$:UE 最大射频输出功率(dBm),由终端能力决定。

如果小区满足上述条件,UE 就可以驻留在该小区。

注意,小区选择阶段选定的小区可能是暂时的。因为 UE 通过判读广播信道中的参数,会再次判断当前小区是否为可用的 PLMN 和小区。

6. 小区驻留

如果当前 PLMN 和小区可用,则 UE 在该小区驻留,准备开始与网络交互信令完成注册。当然,UE 也会继续读取系统消息,按照测量配置对服务小区和邻区进行测量,根据重选条件挑选最佳小区进行驻留。如果当前服务小区不可用,则需要重选小区,如果所有小区都不符合条件,则进行 PLMN 的重选。

在没有合适驻留小区的情况(如无 SIM 卡的情况)下,UE 也可以任意驻留,此时 UE 不需要注册,只能进行紧急呼叫业务。

需要强调的是,开机选网阶段的优选只是短暂时间内的优选小区,小区重选阶段的优选才是真正意义上的优选小区。

7. 附着

UE 选择合适的小区进行驻留后,就可以通过随机接入过程取得与 eNodeB 的上行同步,进而可以申请上行资源,来实现 UE 与 eNodeB 之间的数据发送和接收工作,进而通过附着过程完成网络注册。也就是说,UE 第一次附着到网络后,网络会记录 UE 的位置信息(如 UE 驻留的 TAI),为 UE 分配 IP 地址、GUTI 等必需参数,同时建立从 S-GW 到 P-GW 的默认连接,能够为 UE 提供默认承载。

附着流程如图 3.6 所示,接下来我们将结合图 3.6 详细分析附着的过程。

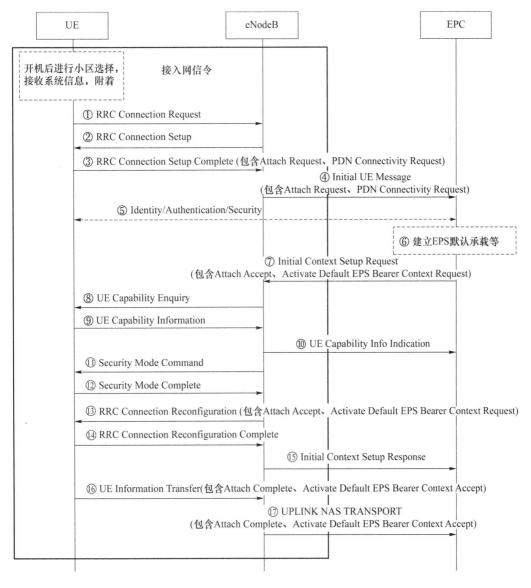

图 3.6 附着流程

① UE 向 eNodeB 发送 RRC Connection Request 消息,申请建立 RRC 连接。

② eNodeB 向 UE 发送 RRC Connection Setup 消息,包含建立 SRB1 信令承载信息和无线资源配置信息。

③ UE 完成 SRB1 信令承载和无线资源配置,向 eNodeB 发送 RRC Connection Setup Complete 消息,包含 NAS 层 Attach Request 和 PDN Connectivity Request 消息。

④ eNodeB 选择 EPC 中的某一个 MME,向 MME 发送 Initial UE Message 消息,包含 NAS 层 Attach Request 和 PDN Connectivity Request 消息。

步骤①～④是初始请求阶段。在这个阶段中,UE 会把 Attach Request 消息带给网络侧,同时 eNodeB 向 MME 发送的消息中还携带 S1 接口相关的 ID 和位置相关的 TAI/ECGI 等信元,用于创建 S1 接口信令连接。这个过程称为随机接入过程。

⑤ UE 身份识别、鉴权、加密。鉴权和安全保护流程成功之后,网络侧就认可了 UE 的接入。此时需要把 UE 的位置信息登记到 HSS,此过程被称为位置更新(Update Location),是 MME 和 HSS 之间使用 Diameter 协议通过 S6a 接口交互的过程。

步骤⑤是省略了具体流程的鉴权和安全保护过程。鉴权过程是 MME 从用户签约的 HSS 中获取鉴权向量(四元组),并与 UE 完成网络和终端互相鉴权的过程。安全过程是 UE 和 MME 之间建立加密和完整性保护上下文的过程。在这个过程之后,MME 和 UE 之间的 NAS 消息都会被加密和完整性保护,保证信令传输安全。此外,步骤⑪和⑫涉及完整性保护,这里暂不赘述,具体内容将在第 6 章的鉴权和安全保护中详细介绍。

⑥ 建立 EPS 默认承载,是在 EPC 内部的网元之间完成的,但图 3.6 为了突出 UE 与 eNodeB 和 EPC 的交互流程,并没有画出 MME、S-GW、P-GW、HSS 等 EPC 网元,仅在此简单描述。建立默认承载过程包括:MME 根据 Attach Request 消息中携带的 APN 进行默认承载激活,否则使用签约的默认 APN 进行激活。MME 根据 TAI 获取 S-GW 列表,根据 APN 获取 P-GW 列表,再根据优先级原则选取一对 S-GW 和 P-GW 准备建立默认承载,并为其分配一个 EPS 承载 ID;然后 MME 顺序向 S-GW、P-GW 发送 Create Session Request 消息(包含 IMSI、P-GW 地址、PDN 地址、QoS 参数等)请求建立默认承载,随后 P-GW、S-GW 依次向 MME 发送 Create Session Response 响应消息。

⑦ MME 向 eNodeB 发送 Initial Context Setup Request 消息,包含 NAS 层 Attach Accept 和 Activate Default EPS Bearer Context Request 消息,表示建立默认承载成功,请求建立初始上下文。

⑧ eNodeB 接收的 Initial Context Setup Request 消息如果不包含 UE 能力信息,则 eNodeB 向 UE 发送 UE Capability Enquiry 消息,查询 UE 能力。

⑨ UE 向 eNodeB 发送 UE Capability Information 消息,报告 UE 能力信息。

⑩ eNodeB 向 MME 发送 UE Capability Info Indication 消息,更新 MME 的 UE 能力信息。

上述步骤所涉及的 UE Capability 是指终端能力,它分为 UE 无线接入能力和 UE 网络能力,网络需要根据终端能力为其分配合适的资源,应用适合的算法。UE 无线接入能力包括物理层参数、射频参数、测量参数等,包含其支持的所有载波和载波组合,不宜频繁在空口传输。所以,在 Idle 状态下,UE 能力信息一般保存在 MME 中,在 Connected 状态下,eNodeB 也会一直保存该信息,直至其发生变化再更新。

⑪ eNodeB 根据 Initial Context Setup Request 消息中 UE 支持的安全信息,向 UE 发送 Security Mode Command 消息,进行安全激活。

⑫ UE 向 eNodeB 发送 Security Mode Complete 消息,表示安全激活完成。

⑬ eNodeB 根据 Initial Context Setup Request 消息中的 E-RAB 建立信息,向 UE 发送 RRC Connection Reconfiguration 消息,进行 UE 资源重配,包括重配 SRB1 信令承载信息和无线资源配置,建立 SRB2、DRB(包括默认承载)等。

⑭ UE 向 eNodeB 发送 RRC Connection Reconfiguration Complete 消息,表示无线资源配置完成,RRC 连接成功建立。

⑮ eNodeB 向 MME 发送 Initial Context Setup Response 响应消息,表示 UE 上下文建立完成。

⑯ UE 向 eNodeB 发送 UE Information Transfer 消息,包含 NAS 层 Attach Complete 和 Activate Default EPS Bearer Context Accept 消息。

⑰ eNodeB 向 MME 发送上行直传 UPLINK NAS TRANSPORT 消息,包含 NAS 层 Attach Complete 消息,表示成功完成网络附着。

步骤⑥~⑰是会话和承载的建立过程。在 EPS 中,为了优化用户接入网络的过程,将 UMTS 中的附着和 PDP 上下文激活过程合并,并在 UE 附着过程中建立基础 IP 连接,这个基础 IP 连接被称为 UE 的默认承载。默认承载建立完成,说明网络已经为 UE 选择好提供服务的 S-GW 和 P-GW,同时为 UE 分配了 IP 地址,于是 UE 的 IP 地址就与建好的默认承载之间建立了关联关系。

之后网络各个节点为 UE 创建 EPS 承载上下文(EPS Bearer Context),为用户面转发创建资源。所谓 EPS 承载上下文,就是在网元中保存终端能力和安全模式等相关信息,使其在用户报文到达时能识别出是哪个用户的报文、采用什么样的转发策略、在对外转发时如何封装(如 S5 接口填充哪个 TEID)。这样,就可以保证用户报文端到端数据处理的一致性,并将报文成功转发给特定用户。

附着过程完成后,UE 的状态由 EMM-Deregistered 转移到 EMM-Registered,核心网中记录了 UE 的位置信息,相关节点中建立了 EPS 承载上下文,为 UE 提供各种业务做好了准备。

需要注意的是,默认承载在 UE 注册到网络的过程中始终存在,即使空中接口的无线承载和 S1 接口承载都被释放,默认承载也保留在 EPC 中,直到 UE 从网络中注销时才能删除。这也是 EPS 宣称支持"永远在线"(Always-on)的含义所在,即从端到端的角度看,在 UE 注册到网络之后,网络中保存着 UE 有效的路由信息,在任何时间发起到 UE 的连接时,都可以依赖这些路由信息,随时找到 UE 建立连接。当长时间没有数据发送时,虽然空中接口的连接因节省资源而释放,但核心网中的连接仍然存在,保留着新近的、有效的路由信息。当针对这样的 UE 需要继续发送数据时,就不必从头至尾执行一遍承载激活的过程,而只要进行空中接口的建立即可,从而加快了 UE 从空闲状态到激活状态的转移。

本实验着重观察 UE 和基站间的信令交互,即图 3.6 的实线框中的内容。

3.4　实验内容

3.4.1　SIM 卡写卡

图 3.7 所示为 SIM 卡写卡示意图,具体分为 3 个步骤。

图 3.7　SIM 卡写卡示意图

步骤一:打开写卡软件 kspcsc.exe。

步骤二:插入一张未写过的空白 SIM 卡,进行如下设置。

① PLMN、OPLMN、HPLMN、EHPLMN:31142(均与基站界面设置一致)。

② IMSI_start:前 5 位保持和 PLMN 一致,后面的数字任意。写入核心网的 IMSI 才有效。

③ KI:00112233445566778899AABBCCDDEEFF(与核心网保持一致)。

④ OPC:000102030405060708090A0B0C0D0E0F(与核心网保持一致)。

上述 OPC 是由移动通信运营商的根密钥 OP 和鉴权密钥 KI 经过计算得到的,具体算法不再赘述,仅对其意义进行描述。一般一家运营商只有一个 OP 密钥,为了避免所有卡片预置同一个 OP 所带来的安全风险,很多运营商均采用在 USIM 卡中预置 OPC。由于 OPC 是由 OP 和 KI 经过一系列运算后得到的,这样就确保了不同卡片预置不同的 OPC,无法通过一张卡片的 OPC 反算出运营商的 OP。

步骤三:单击菜单栏中的"WriteCard",将步骤二中设置的信息写入 SIM 卡。

3.4.2　设置 CPE 的扫描方式

步骤一:用网线连接计算机与 CPE,在浏览器中输入"192.168.150.1"进入 CPE 界面(用户名:admin,密码:admin)。

步骤二:进入扫描方式设置栏,将扫描方式设置为"全频段"。

3.4.3　设置 Sequans DM 软件

步骤一:以管理员身份打开命令行,添加路由:

C:\Windows\system32 > route add 169.254.0.0/16 192.168.150.1

步骤二:打开 Sequans DM 软件,单击"preference",进入 Configuration 界面,按图 3.8 所示进行设置。

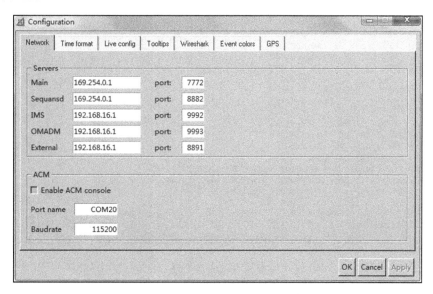

图 3.8　设置 Sequans DM 软件

3.4.4　观察入网流程

步骤一:单击 Sequans DM 软件"View"栏中的"New Event",在右侧勾选"LTE-RRC" 以及"LTE",如图 3.9 所示。

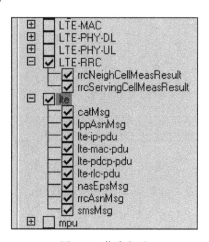

图 3.9　信令勾选

步骤二：单击 Sequans DM 软件"View"栏中的"CLI for UE"，在下方的输入框中依次输入"poweroff"和"poweron"以重启 CPE，如图 3.10 所示。

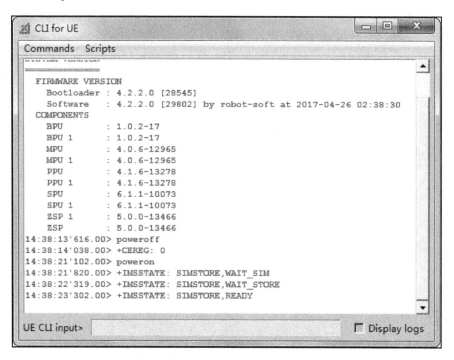

图 3.10　重启 CPE

步骤三：在 event 窗口中观察入网流程。

1. 小区搜索

观察小区搜索过程，如图 3.11 所示。

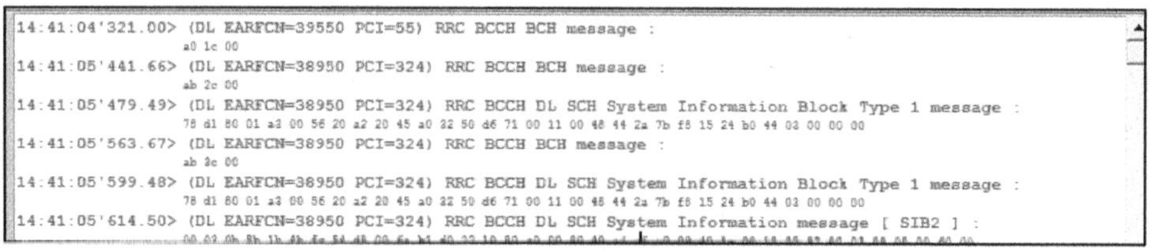

图 3.11　小区搜索过程

双击某一信令可以查看该信令中的具体内容，如图 3.12 和图 3.13 所示。

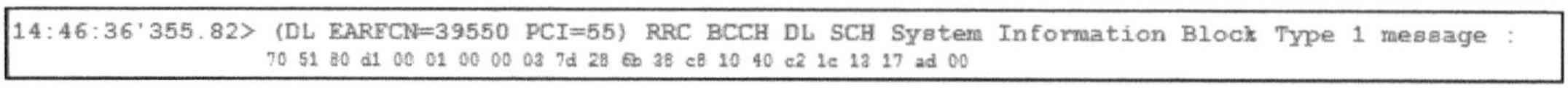

图 3.12　双击查看信令内容

由图 3.13 可以看出 PCI 为 380 的基站属于中国联通。

```
14:46:36'355.82> BCCH-DL-SCH-Message
    message: c1 (0)
        c1: systemInformationBlockType1 (1)
            systemInformationBlockType1
                cellAccessRelatedInfo
                    plmn-IdentityList: 1 item
                        Item 0
                            PLMN-IdentityInfo
                                plmn-Identity
                                    mcc: 3 items
                                        Item 0
                                            MCC-MNC-Digit: 4
                                        Item 1
                                            MCC-MNC-Digit: 6
                                        Item 2
                                            MCC-MNC-Digit: 0
                                    mnc: 2 items
                                        Item 0
                                            MCC-MNC-Digit: 6
                                        Item 1
                                            MCC-MNC-Digit: 8
                                cellReservedForOperatorUse: notReserved (1)
                    trackingAreaCode: 0001 [bit length 16, 0000 0000  0000 0001 decimal value 1]
                    cellIdentity: 00000370 [bit length 28, 4 LSB pad bits, 0000 0000  0000 0000  0000 0011  0111 .... decimal value 55]
                    cellBarred: notBarred (1)
                    intraFreqReselection: notAllowed (1)
                    .... ..0. csg-Indication: False
                cellSelectionInfo
                    q-RxLevMin: -60
                    q-RxLevMinOffset: 1
                p-Max: 23
                freqBandIndicator: 40
                schedulingInfoList: 4 items
                    Item 0
```

图 3.13　信令的具体内容

2. 小区选择

观察小区选择过程,如图 3.14 所示。

```
                                    20 90 00
14:59:00'701.85> (DL EARFCN=39550 PCI=55) RRC BCCH DL SCH System Information Block Type 1 message :
                 70 51 80 d1 00 01 00 00 03 7d 28 6b 38 c8 10 40 e2 1c 13 17 ad 00
14:59:00'796.84> (DL EARFCN=39550 PCI=55) RRC BCCH DL SCH System Information message [ SIB2 ] :
                 10 00 11 0a 5f 7f 58 70 58 41 85 6a 81 00 02 04 00 40 e2 7d aa a4 b7 00 03 80
14:59:00'799.94> (DL EARFCN=39550 PCI=55) RRC UL CCCH RRC Connection Request message :
                 5f 87 bc 0a 29 36
14:59:00'831.03> (DL EARFCN=39550 PCI=55) RRC DL CCCH RRC Connection Setup message :
                 60 72 84 34 fd 50 99 23 81 b9 58 7b 08 15 04 01 e7 a9 59 82 74 c8 98 00 14 69 43 00 60 03 80 c0 00
14:59:00'831.34> (DL EARFCN=39550 PCI=55) RRC UL DCCH RRC Connection Setup Complete message :
                 20 20 04 d2 03 52 17 6f 04 da 3a 18 07 41 02 0b fe 86 04 d2 03 63 65 e2 aa 05 e0 e0 00 00 00 24 02 3b d0 11 d1 27 1a 80 80 21 10 01 00 00 10 81 06 00 00 00 00
83 06 00 00 00 00 0a 00 04 0d 00 01 00 52 64 f0 86 00 01 13 64 f0 86 00 01 50 f1 5d 01 09
14:59:00'890.94> (DL EARFCN=39550 PCI=55) RRC DL DCCH DL Information Transfer message :
                 08 20 18 1a a8 08
14:59:00'891.99> (DL EARFCN=39550 PCI=55) RRC UL DCCH UL Information Transfer message :
                 48 02 22 ef 6f 1b 10 63 29 ea c1 09 20 d0 c0 04 00 60 0a 00
14:59:00'956.84> (DL EARFCN=39550 PCI=55) RRC BCCH DL SCH System Information message [ SIB2 ] :
                 10 00 11 0a 5f 7f 58 70 58 41 85 6a 81 00 02 04 00 40 e2 7d aa a4 b7 00 03 80
14:59:00'976.77> (DL EARFCN=39550 PCI=55) RRC BCCH DL SCH System Information message [ SIB3 ] :
                 10 05 10 12 57 ff ff 1b 8f b0 40
14:59:00'990.90> (DL EARFCN=39550 PCI=55) RRC DL DCCH DL Information Transfer message :
                 08 21 20 3a 90 01 8d d1 69 f9 8d d1 69 f9 8d d1 69 f9 80 3a b9 82 1e e7 fc 00 03 f7 f0 4a a0 d1 4e af f8
14:59:00'996.80> (DL EARFCN=39550 PCI=55) RRC BCCH DL SCH System Information message [ SIB4 ] :
                 10 09 00 42 00 00 00
```

图 3.14　小区选择过程

3. 附着

观察附着过程,如图 3.15 和图 3.16 所示。

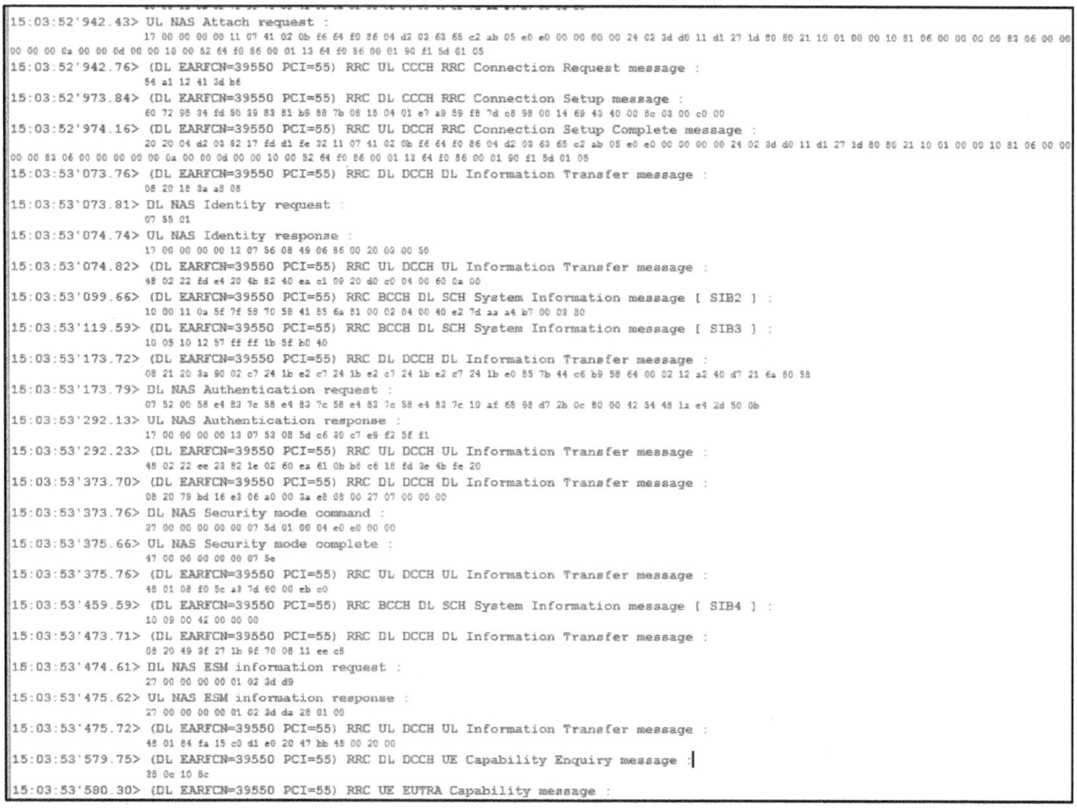

```
15:03:52'942.43> UL NAS Attach request :
                 17 00 00 00 00 11 07 41 02 0b f6 64 f0 86 04 d2 02 63 65 c2 ab 05 c0 00 00 00 00 24 02 3d d0 11 d1 27 1d 80 80 21 10 01 00 00 10 81 06 00 00 00 83 06 00 00
00 00 00 0a 00 00 0d 00 10 00 52 64 f0 86 00 01 13 64 f0 86 00 01 90 f1 5d 01 05
15:03:52'942.76> (DL EARFCN=39550 PCI=55) RRC UL CCCH RRC Connection Request message :
                 54 a1 12 41 3d b6
15:03:52'973.84> (DL EARFCN=39550 PCI=55) RRC DL CCCH RRC Connection Setup message :
                 60 72 98 34 fd 90 39 83 81 b9 88 7b 08 18 04 01 e7 a9 59 f8 7d c8 98 00 14 69 43 40 00 8c 03 00 c0 00
15:03:52'974.16> (DL EARFCN=39550 PCI=55) RRC UL DCCH RRC Connection Setup Complete message :
                 20 20 04 d2 01 82 17 fd d1 fe 32 11 07 41 02 0b f6 64 f0 86 04 d2 02 63 65 c2 ab 05 e0 00 00 00 00 24 02 3d d0 11 d1 27 1d 80 80 21 10 01 00 00 10 81 06 00
00 00 83 06 00 00 00 00 00 0a 00 00 0d 00 00 10 00 52 64 f0 86 00 01 12 64 f0 86 00 01 90 f1 5d 01 05
15:03:53'073.76> (DL EARFCN=39550 PCI=55) RRC DL DCCH DL Information Transfer message :
                 08 20 18 3a a8 08
15:03:53'073.81> DL NAS Identity request :
                 07 55 01
15:03:53'074.74> UL NAS Identity response :
                 17 00 00 00 00 12 07 56 08 49 06 86 00 20 03 00 50
15:03:53'074.82> (DL EARFCN=39550 PCI=55) RRC UL DCCH UL Information Transfer message :
                 48 02 22 fd e4 20 4b 82 40 ea c1 09 20 d0 c0 04 00 60 0a 00
15:03:53'099.66> (DL EARFCN=39550 PCI=55) RRC BCCH DL SCH System Information message [ SIB2 ] :
                 10 00 11 0a 5f 7f 58 70 58 41 85 6a 81 00 02 04 00 40 e2 7d aa a4 b7 00 80 80
15:03:53'119.59> (DL EARFCN=39550 PCI=55) RRC BCCH DL SCH System Information message [ SIB3 ] :
                 10 05 10 12 97 ff ff 1b 5f b0 40
15:03:53'173.72> (DL EARFCN=39550 PCI=55) RRC DL DCCH DL Information Transfer message :
                 08 21 20 3a 90 02 c7 24 1b e2 c7 24 1b e2 c7 24 1b e2 c7 24 1b ec 85 7b 44 c6 b9 58 64 00 02 12 a2 40 d7 21 6a 80 58
15:03:53'173.79> DL NAS Authentication request :
                 07 52 00 58 e4 83 7c 58 e4 83 7c 58 e4 83 7c 10 af 68 98 d7 2b 0c 80 00 42 54 48 1a e4 2d 50 0b
15:03:53'292.13> UL NAS Authentication response :
                 17 00 00 00 00 13 07 53 08 5d c6 90 c7 e9 f2 5f f1
15:03:53'292.23> (DL EARFCN=39550 PCI=55) RRC UL DCCH UL Information Transfer message :
                 48 02 22 ee 22 82 1e 02 60 ea 61 0b b8 c6 18 fd 3e 4b fe 20
15:03:53'373.70> (DL EARFCN=39550 PCI=55) RRC DL DCCH DL Information Transfer message :
                 08 20 79 bd 16 e3 06 a0 00 3a a8 08 00 27 07 00 00 00
15:03:53'373.76> DL NAS Security mode command :
                 27 00 00 00 00 07 5d 01 00 04 10 e2 00 00
15:03:53'375.66> UL NAS Security mode complete :
                 47 00 00 00 00 00 07 5e
15:03:53'375.76> (DL EARFCN=39550 PCI=55) RRC UL DCCH UL Information Transfer message :
                 48 01 08 f0 5c a3 7d 60 00 eb c0
15:03:53'459.59> (DL EARFCN=39550 PCI=55) RRC BCCH DL SCH System Information message [ SIB4 ] :
                 10 09 00 42 00 00 00
15:03:53'473.71> (DL EARFCN=39550 PCI=55) RRC DL DCCH DL Information Transfer message :
                 08 20 49 3f 27 1b 9f 70 08 11 ee c8
15:03:53'474.61> DL NAS ESM information request :
                 27 00 00 00 00 01 02 3d d9
15:03:53'475.62> UL NAS ESM information response :
                 27 00 00 00 00 01 02 3d da 28 01 00
15:03:53'475.72> (DL EARFCN=39550 PCI=55) RRC UL DCCH UL Information Transfer message :
                 48 01 84 fa 15 c0 d1 e0 20 47 bb 45 00 20 00
15:03:53'579.75> (DL EARFCN=39550 PCI=55) RRC DL DCCH UE Capability Enquiry message :|
                 38 0c 10 8c
15:03:53'580.30> (DL EARFCN=39550 PCI=55) RRC UE EUTRA Capability message :
```

图 3.15 附着过程(一)

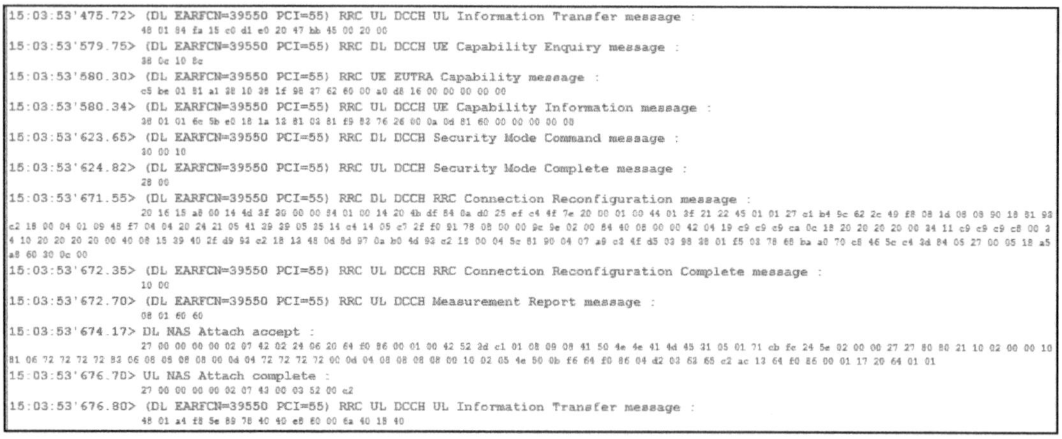

```
15:03:53'475.72> (DL EARFCN=39550 PCI=55) RRC UL DCCH UL Information Transfer message :
                 48 01 84 fa 15 c0 d1 e0 20 47 bb 45 00 20 00
15:03:53'579.75> (DL EARFCN=39550 PCI=55) RRC DL DCCH UE Capability Enquiry message :
                 38 0c 10 8c
15:03:53'580.30> (DL EARFCN=39550 PCI=55) RRC UE EUTRA Capability message :
                 c9 be 01 81 a1 38 10 38 1f 98 27 62 60 00 a0 d8 16 00 00 00 00
15:03:53'580.34> (DL EARFCN=39550 PCI=55) RRC UL DCCH UE Capability Information message :
                 38 01 6c 5b e0 18 1a 13 81 03 81 f9 83 76 26 00 0a 81 60 00 00 00 00
15:03:53'623.65> (DL EARFCN=39550 PCI=55) RRC DL DCCH Security Mode Command message :
                 30 00 10
15:03:53'624.82> (DL EARFCN=39550 PCI=55) RRC UL DCCH Security Mode Complete message :
                 28 00
15:03:53'671.55> (DL EARFCN=39550 PCI=55) RRC DL DCCH RRC Connection Reconfiguration message :
                 20 16 15 a8 60 14 4d 3f 20 00 00 34 20 4b df 54 0a d0 25 ef c4 4f 7e 20 00 01 00 44 01 3f 21 22 45 01 27 c1 b4 5c 62 2c 49 f8 1d 08 09 90 18 81 98
c2 18 00 04 01 09 48 f7 04 04 20 24 21 05 41 28 29 05 25 14 c4 14 05 c7 2f f0 91 78 08 90 00 9c 9e 02 00 84 40 08 00 04 19 c9 c9 ca 0c 18 20 20 20 00 34 11 c9 c9 c8 00 3
4 10 20 20 20 00 40 08 15 39 40 2f 49 53 c2 18 13 48 0a 8d 97 0a b0 4d 93 c2 13 00 04 5c 81 90 04 07 a9 c3 4f d5 03 98 38 01 f5 03 78 68 ba a0 70 c8 46 5c c4 3d 84 05 27 00 05 18 a5
a8 60 30 0c 00
15:03:53'672.35> (DL EARFCN=39550 PCI=55) RRC UL DCCH RRC Connection Reconfiguration Complete message :
                 10 00
15:03:53'672.70> (DL EARFCN=39550 PCI=55) RRC UL DCCH Measurement Report message :
                 08 01 60 60
15:03:53'674.17> DL NAS Attach accept :
                 27 00 00 00 00 02 07 42 24 06 20 64 f0 86 00 01 00 42 52 3d c1 01 08 09 08 41 50 4e 4e 41 4d 45 31 05 01 01 71 cb fc 24 5e 02 00 00 27 27 80 80 21 10 02 00 00 10
81 06 72 72 72 72 83 06 08 08 08 08 00 0d 04 72 72 72 72 00 04 04 08 08 08 08 00 10 02 05 4e 50 0b f6 64 f0 86 04 d2 03 63 65 c2 ac 13 64 f0 86 00 01 17 20 64 01 01
15:03:53'676.7D> UL NAS Attach complete :
                 27 00 00 00 00 07 43 00 03 52 00 c2
15:03:53'676.8D> (DL EARFCN=39550 PCI=55) RRC UL DCCH UL Information Transfer message :
                 48 01 a4 f8 5e 89 78 40 40 e8 80 00 6a 40 18 40
```

图 3.16 附着过程(二)

第4章 业务流程

4.1 实验目的

- 掌握 4G 移动通信系统的数据业务流程。

4.2 实验设备

实验硬件清单如表 4.1 所示。

表 4.1 实验硬件清单

序号	名称	数量
1	TDD 室内型小基站	1 台
2	客户终端设备(CPE)	2 台
3	计算机	2 台
4	路由器	1 台
5	交换机	1 台
6	核心网服务器	1 台

实验软件清单如表 4.2 所示。

表 4.2 实验软件清单

序号	名称	数量
1	Sequans DM 软件	1 套
2	FileZilla 软件	1 套

4.3 实验原理

4.3.1 LTE业务概述

移动通信产生的时候,语音业务一直是最主要的业务。例如,2G网络只能提供语音业务和短消息业务,当时整个网络都是围绕语音业务设计的——基于电路交换的承载。电路交换以独占资源的方式,保证用户在通话过程中可以持续占用固定的带宽资源,保证通话质量。然而4G网络全面分组化,取消了电路域。在业务承载方式上,LTE只提供数据业务。但从用户需求的角度看,也需要4G网络有能力在分组网络中继续提供语音业务。接下来,我们将分别讨论数据业务、语音业务的实现。

4.3.2 数据业务

移动数据业务收入规模自2015年首次超过语音业务后,持续迅猛发展。伴随着这种发展,用户对移动互联网业务的需求越来越多,常用业务包括网页浏览、视频点播、文件下载、邮件收发等,特别是用户已经习惯了"永远在线"这种与外界保持联系的感觉,对浏览网页时延大、下载文件速率低等用户体验更加敏感。这对移动通信网络的带宽、时延等QoS指标的保障提出了更高要求。

下面从数据业务的类型、实现流程和QoS保障等方面分别进行介绍。

1. 数据业务的类型

在LTE网络中,业务类型多种多样。我们在这里仅介绍移动高清多媒体业务、移动互联网应用等典型数据业务类型。

(1)移动高清多媒体业务

众所周知,在线播放高清视频需要很高的带宽。然而,LTE在20 MHz频谱带宽下能提供下行100 Mbit/s的峰值速率,用户平面内部单向传输时延低于5 ms,能够为350 km/h高速移动用户提供大于100 kbit/s的接入服务,这使得移动用户在线享受高清视频成为可能。

8K是当前视频显示技术的最高标准,也叫超高清视频,其清晰度是4K的4倍,是1080p的16倍,能为观众带来更为真实、震撼的体验效果。但8K视频有着严格的带宽要求,需要130 Mbit/s以上的传输带宽,4G网络是达不到的,只有基于5G网络千兆级的体验速率才能保证视频回传质量。随着5G技术的不断完善,AI、云计算、VR/AR、裸眼3D等前沿科技都得到了充分应用。

(2)移动互联网应用

该业务的主要特点是不仅能使用户通过网页浏览器来检索并获得万维网(World Wide Web,WWW)信息资源,而且更注重用户交互功能,用户既是浏览者也是内容的创造者。Web 2.0是网络文化传播的新载体,标志着以个人为中心的互联网时代的到来,强调双向互动和使用者的参与。

如果说 Web 1.0 时代网络的使用目的是下载与阅读,那么 Web 2.0 时代则是上传与分享。Web 2.0 的典型应用案例包括在线购物、博客等。借助于手机终端和 LTE 网络,"博客"可以实现家人、朋友之间的内容共享(如图片/视频/音频),还可以实现厂家促销、信息推送等服务。这种方式实现了多媒体内容基于多种网络的共享。

（3）移动化电子学习

该业务的特点是将课堂学习带到了教室之外。电子化学习(e-Learning)的概念带来了每时每刻的学习体验,学生能够通过双向语音设备与老师进行远程交流。LTE 使得高速且随时随地使用电子化学习成为可能。

（4）支持移动接入的远程医疗系统

支持移动接入的远程医疗系统可以实现生理参数值(心率、血压、血糖、呼吸频率等)的实时上传和车内便携式高清监控视频及标清监控视频(上行)、医疗中心视频及数据(下行)的传送,还可以实现上级医院医生与社区医生共享医疗图像,通过视频通信协作,方便多科室和多地域专家加入会诊,实现资源共享,提高效率。

（5）支持移动接入的 3D 游戏

手机网络游戏是指基于移动互联网、可供多人同时参与的手机游戏类型。网络时延和带宽成为当前限制多人在线游戏规模的主要因素,很多游戏要求高实时性,在游戏中每个节点都需要频繁交互。LTE 带宽和时延性能的提升使得 LTE 网络能够支持 3D 游戏,具有互动性更强、参与者更多、支持手机游戏社区等特点。

（6）M2M(Machine to Machine)

M2M 一般被认为是机器到机器的无线数据传输,有时也包括人对机器和机器对人的数据传输。有多种技术支持 M2M 网络中终端之间的传输协议。LTE 在 M2M 通信方面有很多优势,例如,它容易实现较高的数据速率,容易得到现有计算机 IP 网络的支持,更能适应在恶劣移动环境下完成任务。

M2M 应用大体包括以下几类:远程测量、公共交通服务、销售与支付、远程信息处理/车内应用、安全监督、维修维护、工业应用、家庭应用、通过遥测/电话/电视等手段求诊的医学应用,以及针对车队和舰船的快速管理等。

2. 数据业务的实现流程

回顾前面学过的终端状态,我们知道终端注册到网络上之后,并不是每时每刻都具有用户面数据传送能力的。那么怎么理解 4G 网络的"永远在线"? 3GPP 协议 TS 23.401 中用"always-on IP Connectivity"对永远在线进行描述。可以看出,always-on 的是 IP 连接,并不包括无线空口承载资源。所以,在 ECM-Idle 状态下,虽然 IP Connectivity 存在,但要想传送数据,还需要通过 Service Request 流程来建立包括无线空口的专用承载。也就是说,UE 注册成功后,如果需要发起数据业务,首先要通过业务请求(Service Request)实现连接,建立承载。这类 UE 发起的 Service Request 相当于我们熟悉的主叫接入。

当下行数据到达时,网络侧需要先对 UE 进行寻呼,随后再由 UE 发起随机接入过程和 Service Request 过程。这类下行数据到达发起的 Service Request 相当于被叫接入。

值得注意的是,当有业务传输需求时,UE 和核心网之间必须通过默认承载提供的信令承载,建立一个新的专用承载。在一个 PDN 链接中,只有一个默认承载,但可以有多个专用承载。

　　LTE 的数据业务非常丰富,我们仅以最常用的移动互联网应用——网页浏览为例,介绍 UE 发起业务的实现流程,如图 4.1 所示。

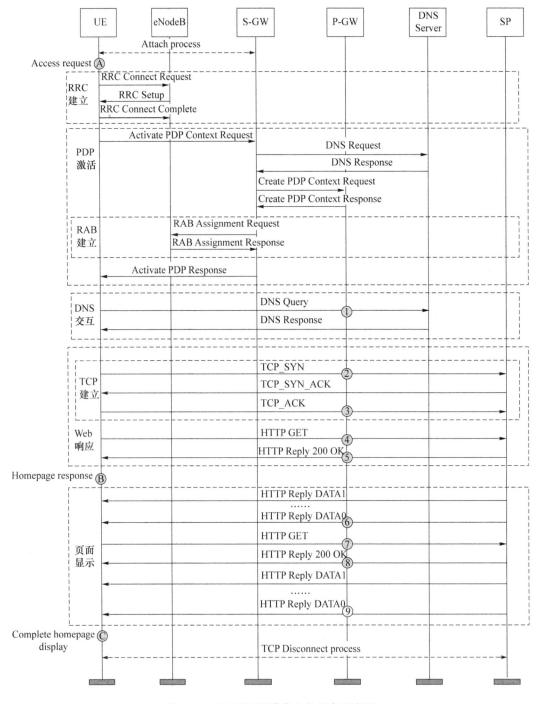

图 4.1　LTE 网页浏览类业务的实现流程

　　在图 4.1 中,上半部分是我们已经在第 3 章中学习过的默认承载建立过程,有时也称为上网激活过程。它独立于具体业务,任何主叫、被叫业务(如 Web/FTP/Streaming 等)都可能触发这个过程,且触发一次之后,该用户再使用其他业务时,就不用再次激活该过程了。

图 4.1 的下半部分是针对网页浏览业务建立专用承载的过程。

① "DNS 交互"阶段:用户在浏览器中输入 URL 并按下"Enter"键后,浏览器使用 URL 查询 DNS,获取网站的 IP 地址。

② "TCP 建立"阶段:浏览器根据 DNS 返回的 IP 地址,通过"三次握手"机制建立到网站的 TCP 连接。

③ "页面显示"阶段:TCP 连接建立好之后,浏览器通过 GET/POST 等方法从网站下载内容,进行图文呈现。

对于下行数据到达发起的 Service Request,我们以下载文件为例,结合图 4.2 进行简要介绍。

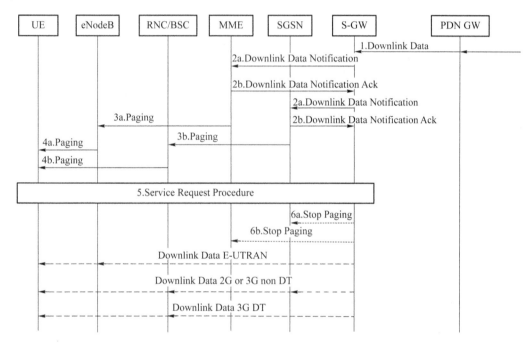

图 4.2　下载业务的实现流程

从图 4.2 中可以看出,作为被叫业务,网络通过 Paging 消息触发 UE 发起业务请求。由于网络不知道被叫用户附着在 3G 网络还是 4G 网络,PDN GW 需要分别向 RNC 和 eNodeB 发起寻呼。直到 UE 应答,并发起 Service Request 过程,建立专用承载来传输需要下载的文件数据。

3. 数据业务的 QoS 保障

传统 IP 网络是一个"尽力而为"的架构,移动通信的传播环境非常复杂,如何保证 LTE 网络所提供的数据业务质量呢?LTE 制定了无线承载的服务质量(Quality of Service,QoS)架构来控制质量。也就是说,每个无线承载的服务质量要求都对应着一组 QoS 参数,如下。

（1）分配保留优先级（Allocation and Retention Priority，ARP）

在资源受限的条件下，系统按照 ARP 所指定的先后顺序，决定是否接受相应的承载建立请求，是否抢占已经存在承载的资源。

（2）QoS 等级标识（QoS Class Identifier，QCI）

一个 QCI 值对应着一组 QoS 属性，这组属性包含优先级（Priority 值越小，优先级越高）、包延迟（Packet Delay Budget）、可接受的误包率（Packet Loss Rate）等指标。

（3）保证比特速率（Guaranteed Bit Rate，GBR）

根据是否保证比特速率，业务承载可以划分为 GBR 和 Non-GBR（非保证比特速率）两大类。

GBR 指业务承载要求无线网络"永久"恒定分配比特速率。无论无线网络资源是否充裕，要求的比特速率都必须保持。当 QoS 保证类型是 GBR 的时候，在无线资源充足的情况下，定义所能达到的速率上限为最大比特速率（Maximum Bit Rate，MBR）。也就是说，MBR 的值一定大于等于 GBR 的值。这意味着要给 GBR 承载预留一定的带宽，不管这个资源是否使用。

Non-GBR 是指没有比特速率保证的业务承载，不需要占用固定的网络资源。在无线资源利用率较高或者发生拥塞的情况下，可以要求一些业务承载降低速率，即不必考虑保证速率。因此，GBR 承载只有在需要时才建立，而由于 Non-GBR 承载占用的资源较少，所以 Non-GBR 承载可以长时间存在。

（4）组合最大比特速率（Aggregated Maximum Bit Rate，AMBR）

为了提高系统的带宽利用率，防止多个 Non-GBR 承载占用过多的无线资源，定义 AMBR 来限制签约用户所有业务承载的总速率。AMBR 不是针对一个 Non-GBR 承载，而是针对一组 Non-GBR 承载。系统可以分别定义上行和下行的 AMBR。

在无线承载建立之后，对承载服务质量有影响的是 QCI、GBR、MBR、AMBR 等所有 QoS 参数。但在 S1 接口上只需传输 QCI 值，eNodeB 就知道其对应的 QoS 属性。网络通过 QoS 签约能够知道 QoS 参数的设置情况，HSS 里签约默认承载的 QoS，PCRF 里签约专用承载的 QoS。为了进一步理解上述 QoS 参数，我们在此对前文涉及的默认承载和专用承载的 QoS 进行对比和总结。

默认承载和专用承载原本是根据是否建立专用的无线通道而定义的两种具有不同 QoS 需求的承载类型。默认承载是一种满足默认 QoS 质量要求的数据和信令承载方式。用户接入网络时，最先建立的承载就是默认承载。默认承载是用户"永远在线"的实现机制，是一种 Non-GBR 承载，为业务提供"尽力而为"的 IP 连接，以保证其基本的业务需求，减小业务建立的时延。

在 UE 和网络完成附着后，如果没有其他数据传送，系统会自动建立默认承载。默认承载可以直接用于少量数据和信令的传送，无须再重新建立新的无线承载。如果有较大量的数据需要传送，则需要建立专门的无线通道进行传输，这就是专用承载。

专用承载是核心网下发的、一系列系统定义好的、有特定 QoS 保证的承载策略。对 EPS 本身来说，何时建立专用承载与 QoS 有关。专用承载的 QoS 要求和优先级一般比默认承载高。不同的业务数据流可以映射到不同的专用承载上，采用不同的 QoS 保障机制。

专用承载可以是 GBR 承载，也可以是 Non-GBR 承载。对于 GBR 这种等级比较高的

QoS，一般要求分配专用承载。专用承载的建立可以由 UE 主动发起，也可以由 MME 主动发起，但不能由 eNodeB 主动发起。注意，专用承载只有在 RRC-Connected 状态下才能发起。专用承载建立后，UE 或 MME 皆可主动发起修改承载或释放承载流程。

在建立专用承载的过程中，并没有专门的信令去释放默认承载，而且在专用承载释放之后，少量数据还可以在默认承载中传送。

4.3.3　语音业务

以今天的视角来看，语音业务所需的带宽（语音编码速率）是非常低的，一般不超过几十 kbit/s。追溯到 3G 时代，分组域承载语音业务在带宽上都不是问题，只是对实时性和可靠性的业务质量保证方面有所顾虑。在部署 4G 网络之后，由于取消了电路域，要继续提供语音业务，运营商通常采用下列几种方案。

1. SVLTE

SVLTE 的全称是 Simultaneous Voice and LTE，即同时支持语音和 LTE 业务，可以通俗地理解为多模多待。也就是说，SVLTE 是指手机同时工作在语音和 LTE 网络，前者基于电路域提供语音业务，LTE 提供数据业务。电路域必然是存在于 2G、3G 网络，所以 SVLTE 是指终端可以同时驻留在 2G/3G 网络和 4G 网络。这是完全依赖手机能力的语音解决方案，对网络没有特别的要求。

SVLTE 要求手机支持双待，也就意味着手机要有两套天线系统，芯片需要支持至少两种网络，这就提高了手机的生产成本和设计的复杂度。所以，SVLTE 方案只有在其他解决方案不成熟的时候才会使用。

2. CSFB

CSFB 的全称是 Circuit Switched Fall Back，即电路交换回落，是指终端需要回落到 2G/3G 网络的电路域进行语音业务，包括主叫（Mobile Originated，MO）和被叫（Mobile Terminated，MT）语音业务。

部署 4G 网络并采用 CSFB 语音方案后，终端平时驻留在 LTE 网络中，当用户作为主叫方拨打电话时，终端才回落到 2G/3G 网络，并在 2G/3G 网络中发送 CS 域业务请求，尝试进行呼叫建立。当用户作为被叫方需要接听电话时，被叫的 MSC 必须有能力寻呼到还处在 4G 网络中的终端，并触发终端回落到 2G/3G 网络，给被叫用户当前所在的 MSC 发送寻呼响应，完成后续呼叫流程的建立。

可见，LTE 网络仅完成被叫业务接续过程"最后一公里"的部分工作。在 2G/3G 网络向 4G 网络演进的过程中，CSFB 语音方案是运营商在当时历史阶段的主流选择。

3. VoLTE

VoLTE 的全称是 Voice over LTE，即通过 LTE 来提供语音业务。VoLTE 的名字没有体现的一个重要方面是，VoLTE 基于 IMS 在 LTE 网络中提供语音业务。

IMS 是 IP Multimedia Subsystem 的缩写，即用 IP 的方式实现多媒体业务，目前 IMS 主要用来提供语音业务，实际上 IMS 可以提供视频、文字、图片等多媒体信息的交互。在 VoLTE 方案中，LTE 网络作为支撑终端 IP 网络"最后一公里"移动性的手段。用户在 LTE

网络中完成 IP 承载的建立,建立到 IMS 域的 IP 连接。后续的业务直接由终端和 IMS 域设备配合完成,实现语音等多媒体业务的建立、修改和释放。IMS 除了支持移动用户的语音业务外,还用来以 IP 方式完成移动语音到固网语音、不同运营商移动语音的互通。

在实际的工程部署中,特别是 2G/3G 运营商刚刚升级到 4G 网络时,一个现实的问题是 4G 网络还不能实现全覆盖。4G 网络的覆盖必须是由热点覆盖扩展到广覆盖的过程。在 4G 网络热点覆盖阶段,非热点地区还需要传统的 2G/3G 网络提供服务。因此,在热点覆盖情况下,网络必须有能力支撑语音业务从 4G 网络的 VoLTE 场景平滑切换到 2G/3G 网络的电路方案场景。这种通话过程中 4G 到 2G/3G 的切换由网络的单一无线语音呼叫连续性(Single Radio Voice Call Continuity,SRVCC)或增强的单一无线语音呼叫连续性(Enhanced Single Radio Voice Call Continuity,eSRVCC)完成。

在 VoLTE 场景下,网络通常会对 VoLTE 数据流建立专用承载,来保证语音通话的质量。

4. OTT

OTT 是指 Over The Top,即在移动数据网络之上的业务。其实,目前移动数据网络中承载的网页浏览、视频等业务都属于 OTT 类型。从封装的角度来看,移动网络分组域作为管道,这些分组域数据业务流都在移动数据网络管道之内。从协议层次的角度来看,这些业务是在移动数据网络层协议之上。移动数据网络解决无线承载的问题,解决移动性的问题,这些物理层、数据链路层和网络层协议都作为终端 IP 层的底层承载,如 GPRS 隧道协议(GPRS Tunneling Protocol,GTP)和代理移动 IP(Proxy Mobile IP,PMIP)。在终端 IP 层之上,承载任意类型的分组应用协议。如果上层应用协议是微信、QQ 或者微博等互联网业务,那么这些业务的实现方式被称为 OTT,如图 4.3 所示。

图 4.3 OTT 应用在协议栈中所处的位置

在 OTT 方案中,语音业务同其他数据业务一样,是 PS 网络所承载业务的一种。是否对这种业务提供特别的 QoS 控制,取决于运营商的实施策略。

综上所述,SVLTE 是完全电路方式的语音方案,而 OTT 则是百分之百地利用分组域实现语音业务的方案。这几种方案从上到下电路性越来越弱,分组性越来越强。

4.4　实 验 内 容

选择一台计算机作为服务器（Server），用网线将其与路由器的 LAN 口相连，同时配置其 IP 地址为 192.168.10.20，如图 4.4 所示。

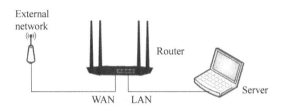

图 4.4　FTP 服务器与路由器的连接

以管理员方式打开命令行界面，添加路由"route add 169.254.0.0/16 192.168.10.20"，如图 4.5 所示。

```
C:\Windows\system32>route add 169.254.0.0/16 192.168.10.20
操作完成!
```

图 4.5　添加路由

等到客户机成功连接后，可以打开服务器端的 FileZilla 软件，查看与服务器相连的用户状态。

CPE 成功连到基站后，在连接 CPE 的计算机上，配置其 IP 地址为动态获取方式。在命令行输入"ping 192.168.10.20"，查看 CPE 是否与目标服务器连通。若二者连通，打开连接 CPE 的计算机上的 FileZilla 软件，输入主机地址为"192.168.10.20"，用户名和密码均为"ftp"，并建立连接。成功连接后可以改变本地站点来选择存储位置，在右下方选择要传输的文件，开始进行文件传输协议（File Transfer Protocol，FTP）业务下载，如图 4.6 所示。

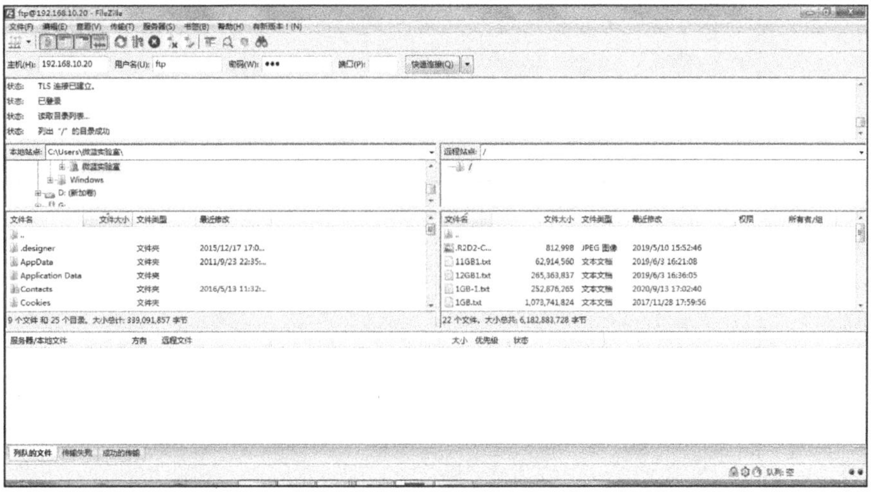

图 4.6　FileZilla 主界面

第5章 多天线技术

5.1 实验目的

- 掌握多天线技术的基本原理；
- 熟悉移动通信系统多天线传输模式；
- 了解不同传输模式的传输性能差异。

5.2 实验设备

实验硬件清单如表 5.1 所示。

表 5.1 实验硬件清单

序号	名称	数量
1	TDD 室内型小基站	1 台
2	客户终端设备(CPE)	1 台
3	计算机	2 台
4	路由器	1 台
5	交换机	1 台
6	核心网服务器	1 台
7	FTP 服务器	1 台

实验软件清单如表 5.2 所示。

表 5.2 实验软件清单

序号	名称	数量
1	IPOP 软件	1 套
2	FileZilla 软件	1 套

5.3　实 验 原 理

5.3.1　多天线概述

在现代移动通信网络中,基站端通常都部署多个天线单元,它不仅是和移动台物理连接的通道,也是实现频率复用、优化覆盖、分集接收等技术的重要部件。宏基站、微基站、皮基站/飞基站多天线实例如图 5.1 所示,每种基站根据实际通信场景都部署了多个天线单元,并且随着对系统容量和传输速率要求的提高,天线单元数量越来越多。在 5G 的 Massive MIMO 阵列中,基站端天线数可达 256 根。

(a) 宏基站 　　　　　　　　　(b) 微基站　　　　　　　　　(c) 皮基站/飞基站

图 5.1　基站多天线实例

手机终端作为消费电子产品,除了通信性能外还需要考虑美观性和携带性,所以现代的手机没有了早期那种凸起的外置天线,而是在手机内部或边框上部署多根天线,以保证移动通信的性能。常用的手机天线类型包括微带天线、微缝天线、倒 F 天线、平面倒 F 天线(PIFA)和金属边框天线等,这些类型的手机天线实例如图 5.2 所示。

   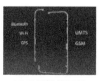

(a) 微带天线　　　(b) 微缝天线　　　(c) 倒F天线　　　(d) PIFA天线　　　(e) 金属边框天线

图 5.2　手机天线实例

5.3.2 多天线分类

根据基站端和手机端天线数的不同,多天线系统可以分为单输入单输出(Single Input Single Output,SISO)、单输入多输出(Single Input Multiple Output,SIMO)、多输入单输出(Multiple Input Single Output,MISO)以及 MIMO 等 4 种类型,下面分别介绍这几种多天线系统。

1. SISO

SISO 系统的拓扑结构如图 5.3 所示。在 SISO 系统中,基站端和手机端都只有一根天线,二者在交互数据的时候,只有一条传输通道。由于基站端只有一根天线,所以在同一时刻只能发送一个数据流给手机端,在数据量大的时候,可能会出现拥堵情况,就像单车道的通行情况一样,传输效率非常低,并且还会出现数据丢包现象,用户体验不佳。

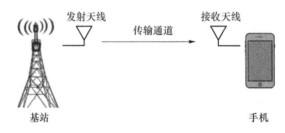

图 5.3　SISO 系统的拓扑结构

2. SIMO

SIMO 系统的拓扑结构如图 5.4 所示。在 SIMO 系统中,基站端仍是一根天线,但是手机端具有多根天线,基站端的数据可以通过多条通道传输到手机端。由于数据都是从基站端的一根天线发出的,所以手机端在多条通道上接收到的数据是相同的。在数据传输过程中,即使一条通道上产生了数据丢失现象,对手机端的影响也不是很大。因为只要其他通道上的数据是完整的,那么手机端就不会丢失数据。与 SISO 相比,手机端接收到完整数据包的概率提高了一倍,这种处理过程叫作接收分集。

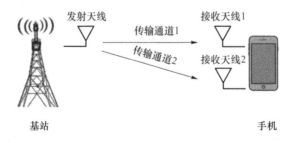

图 5.4　SIMO 系统的拓扑结构

3. MISO

如果将 SIMO 系统中基站端和手机端的天线数量对调一下,即基站端有多根天线,手机端只有一根天线,这种情况叫作 MISO,如图 5.5 所示。基站端有两根天线,在同一时刻可以发送两路相同的数据,手机端将两路数据合并成一路数据,只要两条通道不同时丢失数据,那么手机端就能接收到完整的数据,这种情况与 SIMO 类似,只不过在 MISO 系统中叫作发射分集。

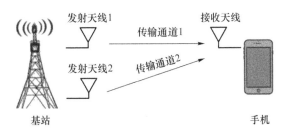

图 5.5　MISO 系统的拓扑结构

4. MIMO

为了提高数据的传输效率,MIMO 技术被引入,其含义是多输入多输出,即基站端和手机端都具有多根天线。这样,基站端就可以在同一时刻发送多个数据流了,传输通道也更多了,使得数据传输效率更高,数据的准确率也得到了大幅提升。这就像高速公路上的多车道一样,既提高了车速,又缓解了道路堵塞情况。MIMO 系统的拓扑结构如图 5.6 所示。

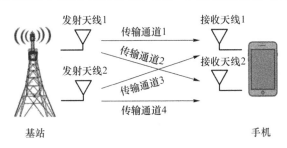

图 5.6　MIMO 系统的拓扑结构

5.3.3　多天线原理

1. MIMO 信道模型

研究一个移动通信系统,首先需要研究该移动通信系统的信道特性。对信道特性进行分析和建模的原因,一方面是信道特性决定了信道的容量,另一方面是移动通信系统中的编解码、调制解调和各种信号处理技术都是针对特定的信道进行设计的。所以,无线信道的特征分析和数学建模非常重要。MIMO 系统也是如此,在研究 MIMO 技术时,必须先分析它的信道模型,获得 MIMO 系统增益的关键在于建立准确的信道模型。

如图 5.7 所示,一个点对点的 MIMO 系统有 n_T 个发射天线和 n_R 个接收天线,$\boldsymbol{H}$ 是 MIMO 信道冲激响应矩阵,其中 h_{ij} 表示第 i 个接收天线与第 j 个发射天线之间的信道冲激响应。$n_T \times 1$ 列向量 $\boldsymbol{s}$ 表示每个符号周期内的发射信号,其中第 j 个元素 s_j 表示第 j 个发射天线上的发射信号。$n_R \times 1$ 列向量 $\boldsymbol{r}$ 表示接收天线阵列上的接收信号,其中第 i 个元素 r_i 表示第 i 个接收天线上的接收信号。MIMO 信道可以建模为

$$r = Hs + n \tag{5.1}$$

其中，n 是接收噪声向量。

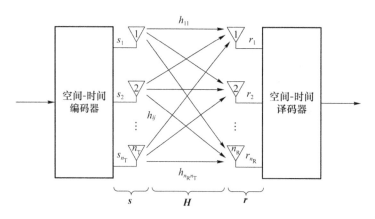

图 5.7　MIMO 系统信道模型

2. MIMO 信道容量

香农公式给出了单发射天线、单接收天线的 SISO 无线信道的极限容量：

$$C = B \cdot \log_2\left(1 + \frac{S}{N}\right) \tag{5.2}$$

其中，B 为信道带宽，S/N 为接收端信噪比（Signal to Noise Ratio，SNR）。根据香农公式可知，提高 SNR 或增加带宽都可以提高无线信道容量。但发射功率、无线信道带宽都是有一定限度的，在一定带宽条件下，SISO 无论采用什么样的编码和调制方式，系统容量都不可能超过香农公式给出的极限容量。目前广泛采用的 Turbo 码、LDPC 码对应的信道容量已经能够逼近香农公式给出的极限容量。

MIMO 在发射端和接收端分别使用多个发射天线和多个接收天线，多个数据流在空中并行传输，如图 5.8 所示。发射端将输入的串行信号流变成多路并行的数据流，分别从多个发射天线发射出去；接收端从多个接收天线将信号接收下来，恢复出原始信号。假设在发射端，各天线发射独立的等功率信号，并且各信号满足瑞利（Rayleigh）分布，那么 MIMO 系统的信道容量为

$$C = \min(M, N) \cdot B \cdot \log_2\left(1 + \frac{S}{2N}\right) \tag{5.3}$$

其中，M 是发射天线数量，N 是接收天线数量，$\min(M, N)$ 表示发射天线数量 M 和接收天线数量 N 二者中的较小者。根据式（5.3）可知，MIMO 系统容量随着发射端或接收端天线数量中较小的一方的增加而线性增加。MIMO 能够在不增加带宽与发射功率的前提下，增加系统容量，提高用户数据传输速率，改善无线信号的传送质量。

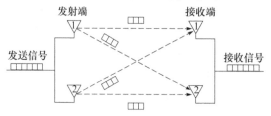

图 5.8　MIMO 系统多个数据流并行传输

3. MIMO 信道状态信息

（1）信道状态信息概述

在移动通信系统中，信道状态信息（Channel State Information，CSI）是描述无线链路信道特性的重要信息。CSI 代表着移动通信无线链路的传播特性，它描述了信号如何在信道中传播，组合了时延、振幅衰减和相位偏移等多种影响。发射机可以基于 CSI，采用功率分配、波束赋形、天线选择等手段补偿信道对信号的衰减，从而实现高速可靠的传输。

举个例子，假设我们要从 A 地到 B 地，有 3 条道路可以选择，分别是 X、Y、Z。在出发前，交通广播说 X 和 Y 道路正在施工，于是我们选择走 Z 道路，从而避开了受施工影响的 X 和 Y 道路。这里，正是因为我们听到了路况信息，才能选出最佳的出行路线，所以"路况信息"为我们的出行提供了非常有效的帮助。在移动通信系统中，CSI 就相当于这个例子中的"路况信息"，如果我们在发送端掌握了实时、准确的信道状态信息，就能避开那些信道条件不好的传播路径，从而提升通信系统的性能。

信道状态信息是一个笼统的概念，只要是反映信道特性的信息都可以叫作信道状态信息。例如，信道矩阵、多径时延、多普勒频偏、MIMO 信道的秩、波束赋形向量等都属于信道状态信息，其中最常用的信道状态信息是信道矩阵。

（2）信道估计

信道估计是指接收端根据一定的准则，从接收数据中将信道模型的模型参数估计出来的过程，即获得 CSI 的过程。信道估计的目的是获得信道的属性，有多种实现方法，例如，可以利用"参考信号"或"导频信号"，其一般过程如下：

① 嵌入一组预定义的信号（称为参考信号）；

② 当这些参考信号通过信道时，会与其他信号一起发生失真；

③ 在接收端检测/解码接收到的参考信号；

④ 比较发送的参考信号和接收的参考信号，找到二者之间的相关性。

（3）MIMO 系统信道状态信息

在 MIMO 系统中，UE 通过测量接收到的下行参考信号来获取 CSI，并将其上报给 eNodeB，eNodeB 根据 UE 反馈的 CSI 进行发射参数自适应调整，这对于基站实现高性能增益是至关重要的。

4. MIMO 工作方式

（1）空分复用

MIMO 多个并行信号流可以是不同的数据流，也可以是同一个数据流的不同版本。"不同的数据流"指的是不同的信息并行发射，意味着信息传送效率的提升，提高了移动通信系统的效率，这种传输方式叫作空分复用，如图 5.9 所示。在空分复用中，接收端和发射端都使用多根天线，在同一频带上使用多个数据通道发射信号，从而使得信道容量随着天线数量的增加而增加。这种信道容量的增加不需要占用额外的带宽，也不需要消耗额外的发射功率，因此是提高系统容量的一种非常有效的手段。在实现空分复用的时候，首先将需要传送的信号经过串并变换转换成几个并行的信号流，并且在同一频带上使用各自的天线同时发送。要实现空分复用必须满足天线单元之间的距离大于相关距离，只有这样才能保证收发端各个子信道是独立衰落的不相关信道。

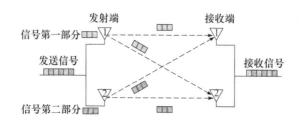

图 5.9　MIMO 空分复用

（2）空间分集

"同一个数据流的不同版本"指的是同样的信息采用不同的编码方式,并行发射出去,确保接收端准确收到信息,提高了信息传送的可靠性,这种传输方式叫作空间分集,如图 5.10 所示。在空间分集中,利用多根发射天线发射携带相同信息的信号,通过不同的路径发送出去,在接收端获得多个具有独立衰落特性的信号,通过分集合并提高接收可靠性。

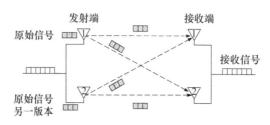

图 5.10　MIMO 空间分集

举例来说,在慢速瑞利衰落信道中,使用 1 根发射天线和 n 根接收天线,发送信号经过 n 条不同的路径到达接收端。如果各个天线之间的衰落是相互独立的,可以获得的最大分集增益为 n。对于发射分集技术来说,同样是利用多条路径的增益来提高系统的可靠性。更一般的情况是,在一个具有 m 根发射天线和 n 根接收天线的系统中,如果天线对之间的路径增益是独立均匀分布的瑞利衰落,那么可以获得的最大分集增益为 mn。

（3）波束赋形

在传统无线发射模式中,无线波束宽,能量分散。而波束赋形发射模式采用窄波束发射信号,能量集中,接收增益提高。波束赋形是基于自适应天线原理,利用天线阵列,通过先进的信号处理算法,分别对各物理天线进行加权处理的一种技术。如图 5.11 所示,发射端对某数据流进行加权,并发送出去。在接收端看来,整个天线阵列相当于一根虚拟天线。由图 5.11(b)可以看出,通过加权处理后,天线阵列形成一个窄发射波束对准目标接收端,并在干扰接收端方向形成零点以减小干扰。

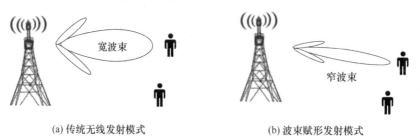

(a) 传统无线发射模式　　　　　　　　　(b) 波束赋形发射模式

图 5.11　MIMO 波束赋形

5.3.4　多天线传输模式

根据不同的系统条件、变化的无线环境,MIMO 系统可采用不同的传输模式 (Transmission Mode,TM)。传输模式是指手机终端不同的多天线传输方案,是 UE 特定的信息,而不是小区的多天线传输模式。同一小区内的不同 UE 可能会配置不同的 TM,因此传输模式是 UE 级别的,而不是小区级别的。标准中定义了如下几种常用的 MIMO 传输模式。

1. 单天线工作模式(TM1)

TM1 主要应用于单天线传输的场合,它是具备单天线能力的终端默认的传输模式。

2. 发射分集(TM2)

在多个天线上形成彼此正交的空间信道,并发送相同的数据流。TM2 的目的是提高传输的可靠性,适用于小区边缘覆盖不好的地方,有时候也用于非小区边缘区域但 UE 高速移动等信道条件差的情况。发射分集是支持多天线的终端默认的多天线传输模式。

3. 开环空分复用(TM3)

TM3 是指一个天线正常发射,而在其他天线上引入相位偏移,在不同的天线上产生人为的"多径效应",并行地发射不同的数据流。发射端随机选择制造"多径效应"的复矩阵,不依赖接收端的反馈结果,因此称为开环空分复用。TM3 主要用于信道质量较好的场景,如小区中心,以提升空口传输效率。

4. 闭环空分复用(TM4)

发射端在并行发射多个数据流的时候,根据反馈的信道估计结果,选择制造"多径效应"的复矩阵。TM4 适用于信道条件较好的环境,用于提供较高的传输速率。

5. MU-MIMO(TM5)

在不增加频谱带宽的情况下,利用间距较大的天线阵列的阵元之间或波束之间的不相关性,为多个用户提供多个不同的数据流,或基站并行从多个终端接收数据流,从而提升用户吞吐量。

6. 闭环发射分集(TM6)

发射分集是指不同的逻辑天线发送相同的数据,但每一路逻辑天线发送的数据的权重由预编码矩阵决定。

值得注意的是,TM2 是开环发射分集,不同天线的预编码矩阵是基站根据 CQI 确定的。TM6 是闭环发射分集,不同天线的预编码矩阵需要根据终端反馈的预编码矩阵指示 (Precoding Matrix Indicator,PMI)来选择。也就是说,UE 会根据 PMI 选择最优的预编码矩阵。

7. 波束赋形(TM7)

多个天线协同工作,根据信道条件,实时计算不同的相位偏移方案,利用天线之间的相位干涉叠加原理,形成指向特定 UE 的波束。TM7 主要适用于小区边缘的 UE,能够有效对抗干扰。

5.4 实 验 内 容

实验一:观察 TM3 模式下的数据传输速率。

实验二:观察 TM2 模式下的数据传输速率,并与 TM3 模式下的数据传输速率、传输稳定性等性能进行对比。

5.4.1 设置天线传输模式

将计算机 1 连接到基站,在计算机上进行如下设置。

① IP 地址设置为 192.168.150.22。

② 打开 IPOP 软件,首先单击"终端工具"选项卡,再单击终端工具栏中的"设置"选项,如图 5.12 所示。

图 5.12 IPOP 软件设置(一)

③ 首先输入连接名称,在连接配置中将类型设置为 ssh,IP 地址设为 192.168.150.1,端口设为 27149,再单击"确定",如图 5.13 所示。

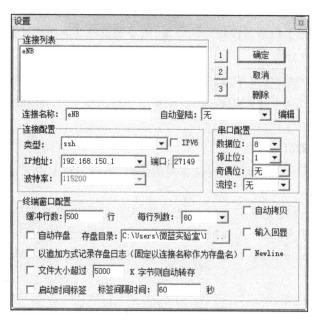

图 5.13 IPOP 软件设置(二)

④ 在出现的界面中按照图 5.14 依次操作。

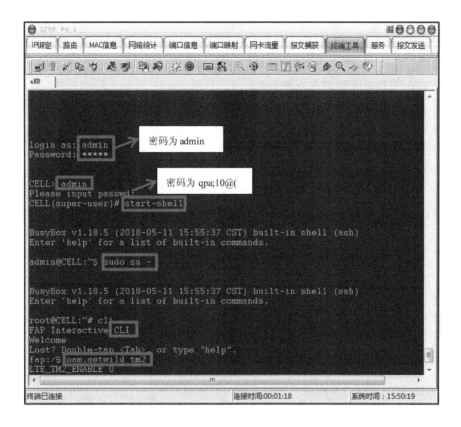

图 5.14　IPOP 软件设置(三)

在输入"oam. getwild tm2"后会显示当前所使用的传输模式,实验中所采用的基站默认使用 TM3 传输模式,"LTE_TM2_ENABLE 0"表示基站当前的传输模式为 TM3。如需将传输模式改为 TM2,需进行图 5.15 所示的操作。

```
fap:/$ oam.getwild tm2
LTE_TM2_ENABLE 0

OK
fap:/$ oam.set LTE_TM2_ENABLE 1      将传输模式改为 TM2
OK
fap:/$ q
Bye.

root@CELL:~# reboot                  重启基站使设置生效
root@CELL:~# Server unexpectedly closed network connection
```

图 5.15　将传输模式改为 TM2

将传输模式改为 TM3 的操作同上类似,但命令如图 5.16 所示。

```
OK
fap:/$ oam.set LTE_TM2_ENABLE 0
OK
```

图 5.16　将传输模式改为 TM3

5.4.2 设置 FTP 服务器

步骤一:将 FTP 服务器连接至交换机的 LAN 口。
步骤二:将 IP 地址设置为 192.168.10.20。
步骤三:以管理员身份打开命令行界面,添加路由:
C:\WINDOWS\system32 > route add 113.203.252.0/24 192.168.10.100
步骤四:打开 FTP 服务器软件。

5.4.3 观察数据传输速率

步骤一:将计算机 2 连接至 CPE,在浏览器的地址栏中输入"192.168.150.1",进入 CPE 管理界面。
步骤二:打开 FTP 软件,同时进行多路数据的下载。
步骤三:在计算机 2 的浏览器中的 CPE 界面观察数据传输速率,或在计算机 1 的浏览器地址栏中输入"192.168.150.1",进入基站管理界面观察数据传输速率。
TM2 模式下的数据传输速率如图 5.17 和图 5.18 所示。

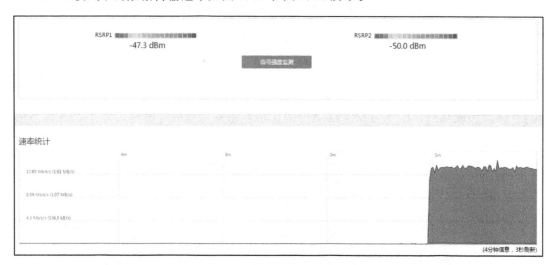

图 5.17　TM2 模式下的数据传输速率(CPE 界面)

UE信息										
连接UE数目:			1							
UE标识	上行吞吐率(Mbps)	下行吞吐率(Mbps)	ulsinr	dlcqi	ulmcs	dlmcs	txPower(dBm)	上行误块率	下行误块率	路损&干扰(dB)
81	0.16	14.24	22	13	22	22	-17	3.0%	21.5%	67

图 5.18　TM2 模式下的数据传输速率(基站界面)

从图 5.17 和图 5.18 中可以看出,在 TM2(发射分集)模式下,传输可靠性较高,数据传输速率平稳,平均为 14.24 Mbit/s。

在 TM3 传输模式下,系统会根据信道状况自动使用单码字或双码字,当使用双码字开环空分复用时,数据传输速率如图 5.19 和图 5.20 所示。

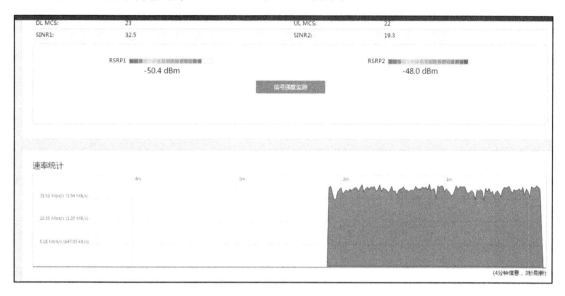

图 5.19　TM3(双码字开环空分复用)模式下的数据传输速率(CPE 界面)

UE信息										
连接UE数目:			1							
UE标识	上行吞吐率(Mbps)	下行吞吐率(Mbps)	ulsinr	dlcqi	ulmcs	dlmcs	txPower(dBm)	上行误块率	下行误块率	路损&干扰(dB)
98	0.26	22.47	22	15	22	28	-17	0.3%	0.6%	66

图 5.20　TM3(双码字开环空分复用)模式下的数据传输速率(基站界面)

从图 5.19 和图 5.20 中可以看出,在 TM3(双码字开环空分复用)模式下,数据传输速率较高,平均为 22.47 Mbit/s,但速率波动较大。

第6章 移动通信安全

6.1 实 验 目 的

- 掌握移动通信安全的相关知识；
- 了解无线网络的鉴权、加密和完整性保护过程。

6.2 实 验 设 备

实验硬件清单如表6.1所示。

表 6.1 实验硬件清单

序号	名称	数量
1	TDD 室内型小基站	1台
2	客户终端设备(CPE)	2台
3	计算机	2台
4	路由器	1台
5	交换机	1台
6	核心网服务器	1台

实验软件清单如表6.2所示。

表 6.2 实验软件清单

序号	名称	数量
1	Sequans DM 软件	1套
2	Wireshark 软件	1套

6.3 实 验 原 理

移动通信安全包括网络接入安全、网络域安全、用户域安全、应用安全、安全可视性和可

配置性等诸多方面。我们以网络接入安全为例,来说明在网络接入部分要解决哪些安全问题:

- 不是谁都可以接入网络——网络对 UE 的鉴权;
- UE 不是什么网络都会去接入——UE 对网络的鉴权;
- 不能让别人看到消息的内容——加密;
- 别人改了我的信息能够被我发现——完整性保护。

LTE 是基于全 IP 的网络,这就意味着 LTE 网络不仅面临着上述问题,还容易受到与其他分组网络相同的威胁。运营商的主要目标是降低网络被误用的概率。在早期的 3GPP 系统中,安全已经是整个服务体系中的一个基本组成部分。直到今天,3GPP 仍在不断改进和完善安全方面的规范,尤其重点考虑了分组域业务,使得移动通信向着 IMS 和全 IP 的方向进一步发展。

通过第 3 章终端开机入网流程的学习,我们大致了解到:用户向核心网 EPC 发送附着请求后,就要立即开始鉴权和安全流程,而且为 UE 和 MME 间的信令提供了加密保护和完整性保护。加密保护是指对通信信息的加密,完整性保护是指信息或数据不被未授权的用户篡改或在篡改后能够被迅速发现的必要技术手段。本章实验将在回顾 Attach 流程的基础上,详细介绍鉴权和加密的过程。

所有 LTE 传输的保护都是通过在无线接口端使用分组数据汇聚协议(PDCP)实现的。在控制面,PDCP 同时为 RRC 信令提供加密保护和完整性保护。在用户面,PDCP 对用户数据只提供加密保护,而不提供完整性保护。

6.3.1　UE 附着过程中的安全性

在无线接入网中,鉴权、加密和完整性保护发生在 UE 的附着过程中,正如图 3.6 展示的附着流程中的步骤⑤。为了更好地理解鉴权、加密和完整性保护的信令流程,我们将 UE 的附着过程进行细化,重点关注其中与安全性有关的部分,省略建立默认承载的过程,如图 6.1 所示。

- 随机接入过程:UE 开机发起附着后,经过步骤①和②建立 RRC 连接,经过步骤③向 MME 发送 Initial UE Message 消息,该消息包括 Attach Request 和 PDN Connectivity Request 消息。
- 鉴权过程:MME 收到 Attach Request 消息后,经过步骤④获取标识(包含 IMSI、TAI 和 ECGI 等),经过步骤⑤向 HSS 发送 Authentication Data Request 消息,HSS 经过步骤⑥发出 Authentication Data Response 消息进行响应(携带 EPS 安全向量)。步骤⑦和⑧是 MME 向 UE 发起鉴权流程,分别由 Authentication Request 和 Authentication Response 消息完成。
- NAS 安全过程:步骤⑨和⑩是安全激活的过程,分别由 Security Mode Command 和 Security Mode Complete 消息完成,从而实现空口加密。

图 6.1 忽略了建立默认承载的过程和可能的位置更新过程。如果 UE 的位置发生改变,则需要通过相应的流程通知网络侧进行位置更新。这部分内容将会在第 10 章中详细介绍。

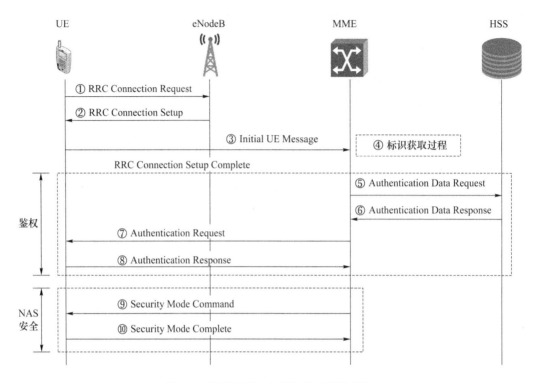

图 6.1 附着过程中与安全性有关的部分

6.3.2 鉴权

鉴权就是网络对 UE 进行身份验证,以及 UE 对网络进行身份验证的过程,从而达到保护用户信息和网络资源不被非法用户盗用的目的。网络鉴别 UE 的 USIM 卡,可以防止非法用户假冒合法用户身份访问网络或逃避付费;UE 鉴别网络端身份,可以防止主动攻击者假冒网络端进行诈骗。

另外,用户可以在本地运营商的网络中使用业务,也可以漫游到其他国家或地区,继续在拜访地运营商的网络中使用业务。这时该如何保证用户安全接入网络呢? 主要依靠手机 SIM 卡和核心网的归属地用户数据库,实现用户身份和网络身份的双向认证或鉴权。这两个设备是鉴权的核心网元,它们在任何业务场景下均受归属地运营商(就是所谓的本地运营商)控制。

GSM 和 UMTS 是基于 SIM 卡或全球用户识别模块(Universal Subscriber Identity Module,USIM)对用户身份进行验证,SIM 卡最初为 GSM 设计,USIM 卡为 UMTS 设计。为了便于 UMTS 网络部署,允许用户使用 SIM 卡接入 UMTS 网络,同时 USIM 卡也后向兼容。鉴权过程通过 SIM/USIM 中存储的 IMSI 和密钥来完成,128 位的根密钥 K 用于 USIM,32 位的 Ki 用于 SIM,由 Ki 计算出来的 64 位的 Kc 用于后续的加密和完整性保护。考虑目前攻破 64 位密钥的安全体系已经变得越来越容易,为了确保 LTE 系统的安全,LTE 系统不再后向兼容 SIM,即 LTE 系统的安全体系是基于 USIM 的。对于归属地用户数据库,GSM 和 UMTS 使用的是归属位置寄存器(HLR),LTE 则使用归属用户服务器(HSS)。

在 USIM 写卡过程中,营业厅将用户的 IMSI 写入卡内,同时将 4G 网络安全流程使用的鉴权加密算法(取决于终端能力支持情况)、根密钥 K 值也写入卡内。在用户签约信息所在的 HSS 上,会存储与 USIM 卡中完全相同的算法和根密钥 K。值得一提的是,这个根密钥 K 并不直接用于数据流保护,而是用于生成加密和完整性保护所需的其他密钥。其内容对终端使用者、营业厅人员、HSS 维护人员都不可见,以确保用户数据的绝对安全。开户和写卡程序只保证 USIM 卡和 HSS 的根密钥 K 是一致的,并不呈现密钥的内容。如果在 HSS 上查询,也只会显示加密后的 K 值,如图 6.2 所示。

```
%%LST KI： IMSI="4600[省略部分字段]"；%%

RETCODE=0 SUCCESS0001: Operation is successful
            HLRSN    =   62
            IMSI     =   4600[省略部分字段]
            KIVALUE  =   86D00BD12E644CAAFCE…DEE376BBB
            K4SNO    =   101
            CARDTYPE =   USIM
            ALG      =   MILENAGE
            OPCVALUE =   96501D3B8ADBFB69B551…3B56655F
            AMFSNO   =   1
            K2SNO    =   0

Total count = 9
```

图 6.2　HSS 的用户安全签约信息

EPS 鉴权流程会用到一个非常重要的鉴权向量(Authentication Vector,AV),该向量由随机数(Random Challenge,RAND)、鉴权令牌(Authentication Token,AUTN)、期望用户响应(Expected user Response,XRES)和密钥接入安全管理实体(Key Access Security Management Entity,K_{ASME})四元组组成。下面我们解释每个参数的含义。

- RAND 是网络提供给 UE 的不可预知的随机数,长度为 16 字节。HSS 会针对每个用户的每次鉴权过程生成一个随机数 RAND,作为每次鉴权的关键输入变量,用于计算鉴权响应参数 RES,以及加密密钥 CK 和完整性保护密钥 IK。

- AUTN 是由 HSS 根据根密钥 K 和序列号(Sequence Number,SQN)计算得到的参数,长度为 16 字节。AUTN 的作用是向 UE 提供鉴权信息,UE 利用它能对网络进行鉴权。SQN 由 HSS 和 USIM 分别维护,在每一次成功鉴权之后同步。

- XRES 是期望用户响应,长度为 4~16 字节。当 HSS 收到鉴权请求后,会按照特定的算法计算出 XRES,并将该结果传递给 MME,用于网络对终端进行鉴权。同时 UE 收到鉴权请求后,也会根据自己保存的根密钥 K 和算法计算出一个 RES(或 RES+RES_EXT),并将其传递给 MME。MME 比较从 HSS 收到的 XRES 和从 UE 收到的 RES,如果两者一致,说明 UE 是可信的,网络允许 UE 接入,否则拒绝 UE 接入。

- K_{ASME}用于推演加密和完整性保护所需的各种密钥,长度为 32 字节。HSS 首先会利用根密钥 K 和 RAND 计算出 CK 和 IK,再利用 CK、IK 和 MME 所属的 PLMN ID 计算出 K_{ASME}。类似地,USIM 也会生成 K_{ASME},由于 USIM 与 HSS 中的算法和输入参数相同,因此计算出的 K_{ASME} 值也是相同的。

EPS 鉴权流程涉及 4 个网元,分别是 UE、eNodeB、MME 和 HSS,如图 6.3 所示。

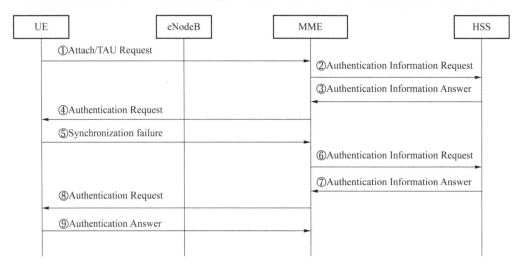

图 6.3　EPS 鉴权流程

① 当 UE 发起附着或位置更新请求时,MME 根据策略决定是否启动鉴权流程。

② MME 向 HSS 发出鉴权请求消息 Authentication Information Request,以获取鉴权向量 AV,该消息中携带 IMSI、PLMN ID 和网络接入类型(如 E-UTRAN)等参数。

③ HSS 收到请求消息后,开始计算 XRES,根据 PLMN ID、CK/IK 计算出 K_{ASME},并通过 Authentication Information Answer 消息返回给 MME,其中携带了整套鉴权向量四元组 AV{RAND,AUTN,XRES,K_{ASME}}。

④ MME 按先进先出的准则从数据库中挑选一套鉴权向量,用于本次鉴权和密钥协商(Authentication and Key Agreement,AKA)流程,并保存该鉴权向量中的 XRES 与 K_{ASME},向 UE 发送 Authentication Request 消息,UE 则将该消息所含的鉴权向量中的 RAND 和 AUTN 传给 USIM 卡。另外,该消息还分配密钥集标识(Key Set Identifier,KSI)给 UE,用于唯一标识 K_{ASME},即为了确保密钥不被非法窃取,终端和网络间不直接传递加密和完整性保护密钥,而是通过传递 KSI 确定终端和网络之间使用的 K_{ASME}。

⑤ 当 UE 的 USIM 确认所收到的鉴权组{RAND,AUTN}是未使用过的鉴权组,就检测 AUTN 中的 SQN。若 SQN 不在正确范围内,则会引起鉴权失败,携带原因值为同步失败(Synchronization failure)的消息返回 MME。造成该问题的主要原因是非法用户或设备问题。

⑥ MME 向 HSS 请求新的 AV。

⑦ HSS 更新 SQN,并生成新的 AV{RAND,AUTN,XRES,K_{ASME}},发送给 MME。

⑧ MME 再次向 UE 发送鉴权组{RAND,AUTN},请求鉴权。

⑨ UE 的 USIM 验证 SQN 无误后,根据收到的随机数 RAND 和自身存储的根密钥 K

计算 AUTN,并与收到的 AUTN 进行对比,如果一致,则完成 USIM 对网络的鉴权。随后,USIM 根据 RAND 和 AUTN 计算出 RES,并将其包含在响应消息 Authentication Answer 中发给 MME。MME 核对 RES 与 XRES,若一致,则表明网络对 USIM 鉴权成功,反之,则网络对 USIM 鉴权失败,给 UE 返回带原因值的用户认证拒绝消息。

通过上述步骤,UE 和网络完成了双向认证。之后 UE 采取与 HSS 相同的算法,利用根密钥 K 和 RAND 计算出 CK 和 IK,再利用 CK、IK 和 PLMN ID 计算出 K_{ASME}。这样,UE 和网络不仅实现了双向认证,还拥有了相同的中间密钥 K_{ASME}。可以看出,K、CK、IK 和 K_{ASME} 这些密钥都没有在 UE 和网络之间传输。

6.3.3　安全保护

安全保护主要指的是网元之间传输数据所需的加密和完整性保护。完整性保护保证了数据在传输过程中不被篡改,加密则是发送端根据参数变换了数据内容,使用的参数只有收发两端知道。

EPS 在对 UE 和 eNodeB 之间的用户数据和 RRC 信令进行加密和完整性保护的基础上,增加了对 UE 和 MME 之间的 NAS 信令的加密和完整性保护机制。因此,不同的密钥需要用于上述流程的不同阶段。UE 和 MME 使用密钥 K_{ASME} 来派生 NAS 信令的加密密钥 K_{NASenc} 和完整性保护密钥 K_{NASint}。此外,MME 还会派生一个密钥 K_{eNB} 并发送给 eNodeB,这个密钥被 eNodeB 用来派生用户数据的加密密钥 K_{UPenc},以及 RRC 信令的加密密钥 K_{RRCenc} 和完整性保护密钥 K_{RRCint}。UE 也像 eNodeB 一样派生相同的密钥。这个 EPS 密钥的"族谱"可以称为一个密钥层次,如图 6.4 所示。

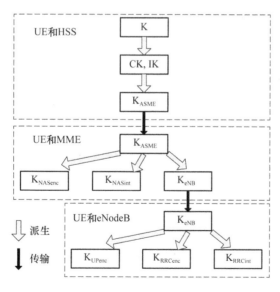

图 6.4　EPS 的密钥层次

一旦 UE 和网络之间建立了密钥,就能够开始对信令和数据进行安全性保护了,标准允许使用不同的密码算法对此进行实现。接下来分别介绍 NAS 层(UE-MME)和 AS 层(空口消息,包括用户数据和 RRC 信令)的加密与完整性保护过程。

1. NAS 层

NAS 层消息保护的信令流程如图 6.5 所示,主要步骤如下。

图 6.5　NAS 层消息保护的信令流程简图

① MME 发起安全模式命令,携带了当前使用的 K_{ASME} 密钥标识、UE 的安全能力、加密和完整性保护的算法,可能还会请求 UE 的 IMEI(如果运营商配置了 IMEI 校验功能,则 MME 可以与 EIR 进行交互,校验当前终端设备的 IMEI 是否合法)。该条消息只有完整性保护,没有加密。

② UE 在收到消息后,根据 K_{ASME} 和完整性保护算法计算出完整性保护密钥 K_{NASint},然后对之前收到的安全模式命令消息进行完整性验证,以确保该消息未被篡改过。如果验证通过,则会采用收到的完整性保护和加密算法对后续上行消息(接下来的一条消息是安全模式完成消息)进行完整性保护和加密。

③ MME 收到安全模式完成消息后,利用 K_{NASint} 和 K_{NASenc} 对该消息进行解密,解密成功则表明 UE 使用的算法是自己发送过去的,所以之后的下行消息不仅会进行完整性保护,还会采用该算法进行加密。

2. AS 层

AS 层消息保护的信令流程如图 6.6 所示,主要步骤如下。

图 6.6　AS 层消息保护的信令流程简图

① eNodeB 发起安全模式命令,携带了加密和完整性保护算法。该条消息已经进行完整性保护,没有加密。

② UE 在收到消息后,根据 K_{ASME} 和完整性保护算法计算出完整性保护密钥 K_{RRCint},然后对之前收到的安全模式命令消息进行完整性验证,以确保该消息未被篡改过。如果验证通过,则会采用收到的完整性保护和加密算法对后续上行 RRC 消息进行完整性保护和加

密,对后续上行用户数据进行加密。出于效率考虑,只进行加密,因为完整性保护会使用消息本身作为算法输入值之一。

③ eNodeB 收到安全模式完成消息后,利用 K_{RRCint} 和 K_{RRCenc} 对该消息进行解密,解密成功则表明 UE 使用的算法是自己发送过去的,所以之后的下行 RRC 消息不仅会进行完整性保护,还会采用该算法进行加密,而对下行用户数据仅进行加密保护。同样,出于效率考虑,该条消息只进行加密,因为完整性保护会使用消息本身作为算法输入值之一。

6.4　实验内容

① 本实验验证 NAS 层安全保护和鉴权流程。首先,登录基站管理端,查看所选用的加密和完整性保护算法,如图 6.7 所示。

图 6.7　安全算法设置界面

然后,打开之前配置好的 Sequans DM 软件,选择"Views"下拉菜单中的"CLI for UE",如图 6.8 所示,首先输入"poweroff"关闭终端,再输入"poweron"开启终端,并记录终端开启的时间点。

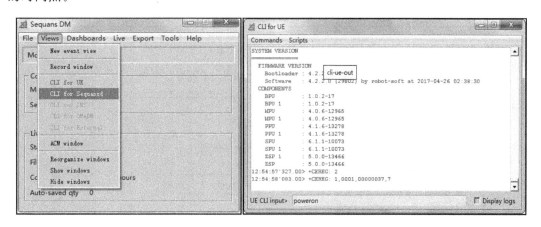

图 6.8　Sequans DM 软件设置

最后,选择"Views"下拉菜单中的"New event view"新建 View 对话框,从右侧选择需要抓包的选项,本实验勾选"LTE-RRC"和"LTE",如图 6.9 所示。

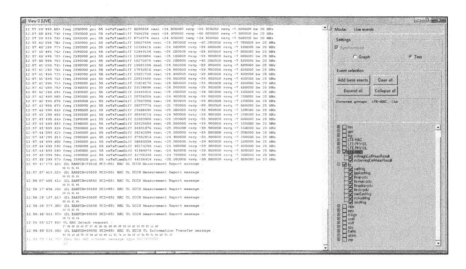

图 6.9　抓包选项设置

② 从 View 0 信令检测框中查找终端开启的时间,并在其后查找 UE 附着流程,从中抓取 DL NAS Identity request、UL NAS Identity response、DL NAS Authentication request、UL NAS Authentication response、DL NAS Security mode command 和 UL NAS Security mode complete 消息,如图 6.10 所示。

```
13:27:45'427.97> DL NAS Identity request :
              07 55 01
13:27:45'428.85> UL NAS Identity response :
              17 00 00 00 16 61 55 03 49 05 06 00 20 00 50
13:27:45'428.93> (DL EARFCN=39550 PCI=55) RRC UL DCCH UL Information Transfer message :
              48 02 22 e4 7d 27 19 n2 c0 ea c1 09 20 d0 e0 04 00 08 0a 00
13:27:45'808.50> freq 2390000 pci 55 rxTxTimeDiff 37225136 rssi -25.400000 rsrp -40.400000 rsrq -7.200000 bw 20 MHz
13:27:45'551.85> (DL EARFCN=39550 PCI=55) RRC UL DCCH DL Information Transfer message :
              08 21 20 8a 90 04 6a 1f 7b 04 6a 1f 7b 04 6a 1f 7b 90 91 65 k4 8f 2a 8f a4 00 08 1f a5 e0 3d 7b 7a 52 58
13:27:45'551.90> DL NAS Authentication request :
              07 52 00 8d 43 cf 66 8d 43 cf 66 8d 43 cf 66 8d 43 ef 66 10 2c b0 9f e5 51 c4 80 00 a2 d4 79 a7 af 0f 8a 4b
13:27:45'708.49> freq 2390000 pci 55 rxTxTimeDiff 38535056 rssi -25.500000 rsrp -40.400000 rsrq -7.100000 bw 20 MHz
13:27:45'908.48> freq 2390000 pci 55 rxTxTimeDiff 39846576 rssi -25.700000 rsrp -40.500000 rsrq -7.000000 bw 20 MHz
13:27:46'108.47> freq 2390000 pci 55 rxTxTimeDiff 41157296 rssi -25.500000 rsrp -40.500000 rsrq -7.000000 bw 20 MHz
13:27:46'308.47> freq 2390000 pci 55 rxTxTimeDiff 42468016 rssi -25.500000 rsrp -40.500000 rsrq -7.200000 bw 20 MHz
13:27:46'397.98> UL NAS Authentication response :
              17 00 00 00 00 13 07 53 68 72 ba 1e 17 03 46 e5 a1
13:27:46'398.06> (UL EARFCN=39550 PCI=55) RRC UL DCCH UL Information Transfer message :
              48 02 22 ea c0 1a 53 e2 e0 ea 61 0e 57 43 a2 e0 69 38 b4 20
13:27:46'451.79> (DL EARFCN=39550 PCI=55) RRC DL DCCH DL Information Transfer message :
              48 20 79 bf 4e 34 f0 00 3a e8 08 00 27 00 00 00 00
13:27:46'451.86> DL NAS Security mode command :
              37 00 00 00 00 07 5d 01 00 04 e0 ed 00 00
13:27:46'453.54> UL NAS Security mode complete :
              47 00 00 00 00 00 07 5e
```

图 6.10　UE 附着流程

DL NAS Identity request:鉴权请求 IMSI,如图 6.11 所示。

```
13:06:18'153.72> DL NAS Identity request :
              07 55 01
13:06:18'154.67> Non-Access-Stratum (NAS) PDU
    0001 .... = Security header type: Integrity protected (1)
    .... 0111 = Protocol discriminator: EPS mobility management messages (7)
    Message authentication code: 0x00000000
    Sequence number: 13
    0000 .... = Security header type: Plain NAS message, not security protected (0)
    .... 0111 = Protocol discriminator: EPS mobility management messages (7)
    NAS EPS Mobility Management Message Type: Identity response (0x56)
    Mobile identity - IMSI (460680002300005)
        Length: 8
        0100 .... = Identity Digit 1: 4
        .... 1... = Odd/even indication: Odd number of identity digits (1)
        .... .001 = Mobile Identity Type: IMSI (1)
        BCD Digits: 460680002300005
```

图 6.11　鉴权请求 IMSI 流程

UL NAS Identity response：UE 向 MME 发送携带 IMSI 的身份信息，如图 6.12 所示。

```
13:04:12'214.52> Non-Access-Stratum (NAS)PDU
   0000 .... = Security header type: Plain NAS message, not security protected (0)
   .... 0111 = Protocol discriminator: EPS mobility management messages (7)
   NAS EPS Mobility Management Message Type: Identity request (0x55)
   0000 .... = Spare half octet: 0
   .... 0001 = Identity type 2: IMSI (1)
13:04:12'215.47> UL NAS Identity response :
               17 00 00 00 00 0f 07 56 08 49 06 86 00 20 03 00 50
```

图 6.12　上行身份信息发送流程

DL NAS Authentication request：鉴权请求，向 UE 发送鉴权向量 AV（包括 RAND、XRES、AUTN、K$_{ASME}$），如图 6.13 所示。

```
13:27:45'551.90> DL NAS Authentication request :
                07 52 90 8d 42 ef 66 8d 43 ef 66 8d 43 ef 66 10 2c b6 9f e5 51 f4 80 00 a2 d4 79 a7 af 6f 8a 4b
13:27:45'708.49> freq 2390000 pci 55 rxTxTimeDiff 38535856 rssi -25.500000 rsrp -40.400000 rsrq -7.100000 bw 20 MHz
13:27:45'908.48> freq 2390000 pci 55 rxTxTimeDiff 39846576 rssi -25.700000 rsrp -40.500000 rsrq -7.000000 bw 20 MHz
13:27:46'108.47> freq 2390000 pci 55 rxTxTimeDiff 41157296 rssi -25.600000 rsrp -40.400000 rsrq -7.000000 bw 20 MHz
13:27:46'308.47> freq 2390000 pci 55 rxTxTimeDiff 42468016 rssi -25.500000 rsrp -40.500000 rsrq -7.200000 bw 20 MHz
13:27:46'397.98> Non-Access-Stratum (NAS)PDU
   0001 .... = Security header type: Integrity protected (1)
   .... 0111 = Protocol discriminator: EPS mobility management messages (7)
   Message authentication code: 0x00000000
   Sequence number: 23
   0000 .... = Security header type: Plain NAS message, not security protected (0)
   .... 0111 = Protocol discriminator: EPS mobility management messages (7)
   NAS EPS Mobility Management Message Type: Authentication response (0x52)
   Authentication response parameter
      Length: 8
      RES: 72ba1e170349c5a1
```

图 6.13　鉴权向量发送流程

UL NAS Authentication response：UE 向 MME 返回应答消息 RES，如图 6.14 所示。

```
13:27:45'551.90> Non-Access-Stratum (NAS)PDU
   0000 .... = Security header type: Plain NAS message, not security protected (0)
   .... 0111 = Protocol discriminator: EPS mobility management messages (7)
   NAS EPS Mobility Management Message Type: Authentication request (0x52)
   0000 .... = Spare half octet: 0
   .... 0... = Type of security context flag (TSC): Native security context (0)
   .... .000 = NAS key set identifier: (0) ASME
   RAND value: 8d43ef668d43ef668d43ef66
   Authentication Parameter AUTN (UMTS authentication challenge only) - EPS challenge
      Length: 16
      AUTN value: 2cb69fe551f48000a2d479a7af6f8a4b
         SQN xor AK: 2cb69fe551f4
         AMF: 8000
         MAC: a2d479a7af6f8a4b
13:27:45'708.49> freq 2390000 pci 55 rxTxTimeDiff 38535856 rssi -25.500000 rsrp -40.400000 rsrq -7.100000 bw 20 MHz
13:27:45'908.48> freq 2390000 pci 55 rxTxTimeDiff 39846576 rssi -25.700000 rsrp -40.500000 rsrq -7.000000 bw 20 MHz
13:27:46'108.47> freq 2390000 pci 55 rxTxTimeDiff 41157296 rssi -25.600000 rsrp -40.400000 rsrq -7.000000 bw 20 MHz
13:27:46'308.47> freq 2390000 pci 55 rxTxTimeDiff 42468016 rssi -25.500000 rsrp -40.500000 rsrq -7.200000 bw 20 MHz
13:27:46'397.98> UL NAS Authentication response :
               17 00 00 00 03 17 07 52 08 72 ba 1e 17 03 49 c5 a1
```

图 6.14　上行鉴权响应流程

以上为鉴权过程，下面是安全保护过程，主要包括加密和完整性保护。

DL NAS Security mode command：结合上述信令流程，MME 发起安全模式命令，携带了当前使用的 K$_{ASME}$ 密钥标识、UE 的安全能力、加密和完整性保护的算法，可能还会请求 UE 的 IMEI。该条消息只有完整性保护，没有加密。从图 6.15 中可以看出，采用的加密算法是 EEA0，采用的完整性保护算法是 128-EIA1，与之前基站配置的算法一致。

UL NAS Security mode complete：UE 根据 K$_{ASME}$ 和完整性保护算法计算出完整性保护密钥，然后对刚才收到的安全模式命令消息进行完整性验证（以确保该消息未被篡改过），如果验证通过，则会采用收到的完整性保护和加密算法对后续上行消息（接下来的一条消息是安全模式完成消息)进行完整性保护和加密,如图 6.16 所示。

15:48:27'042.88> DL NAS Security mode command :

        37 00 00 00 00 00 07 5d 01 00 04 e0 e0 00 00

15:48:27'044.53> Non-Access-Stratum (NAS) PDU

    0100 ... = Security header type: Integrity protected and ciphered with new EPS security context (4)

    ...... 0111 = Protocol discriminator: EPS mobility management messages (0x7)

    Message authentication code: 0x00000000

    Sequence number: 0

    0000 ... = Security header type: Plain NAS message, not security protected (0)

    .... 0111 = Protocol discriminator: EPS mobility management messages (0x7)

    NAS EPS Mobility Management Message Type: Security mode complete (0x5e)

15:48:27'044.60> (DL EARFCN=39350 PCI=51) RRC UL DCCH UL Information Transfer message:

图 6.15 下行 NAS 安全模式命令

13:04:13'334.48> Non-Access-Stratum (NAS)PDU
   0011 .... = Security header type: Integrity protected with new EPS security context (3)
   .... 0111 = Protocol discriminator: EPS mobility management messages (7)
   Message authentication code: 0x00000000
   Sequence number: 0
   0000 .... = Security header type: Plain NAS message, not security protected (0)
   .... 0111 = Protocol discriminator: EPS mobility management messages (7)
   NAS EPS Mobility Management Message Type: Security mode command (0x5d)
   0... .... = Spare bit(s): 0x00
   .000 .... = Type of ciphering algorithm: EPS encryption algorithm EEA0 (null ciphering algorithm) (0)
   .... 0... = Spare bit(s): 0x00
   .... .001 = Type of integrity protection algorithm: EPS integrity algorithm 128-EIA1 (1)
   0000 .... = Spare half octet: 0
   .... 0... = Type of security context flag (TSC): Native security context (0)
   .... .000 = NAS key set identifier: (0) ASME
   UE security capability - Replayed UE security capabilities
      Length: 4
      1... .... = EEA0: Supported
      .1.. .... = 128-EEA1: Supported
      ..1. .... = 128-EEA2: Supported
      ...0 .... = EEA3: Not Supported
      .... 0... = EEA4: Not Supported
      .... .0.. = EEA5: Not Supported
      .... ..0. = EEA6: Not Supported
      ....0 = EEA7: Not Supported
      1... .... = EIA0: Supported
      .1.. .... = 128-EIA1: Supported
      ..1. .... = 128-EIA2: Supported
      ...0 .... = EIA3: Not Supported
      .... 0... = EIA4: Not Supported
      .... .0.. = EIA5: Not Supported
      .... ..0. = EIA6: Not Supported
      ....0 = EIA7: Not Supported
      0... .... = UEA0: Not Supported
      .0.. .... = UEA1: Not Supported
      ..0. .... = UEA2: Not Supported
      ...0 .... = UEA3: Not Supported
      .... 0... = UEA4: Not Supported
      .... .0.. = UEA5: Not Supported
      .... ..0. = UEA6: Not Supported
      ....0 = UEA7: Not Supported
      0... .... = UMTS integrity algorithm UIA0: Not Supported
      .0.. .... = UMTS integrity algorithm UIA1: Not Supported
      ..0. .... = UMTS integrity algorithm UIA2: Not Supported
      ...0 .... = UMTS integrity algorithm UIA3: Not Supported
      .... 0... = UMTS integrity algorithm UIA4: Not Supported
      .... .0.. = UMTS integrity algorithm UIA5: Not Supported
      .... ..0. = UMTS integrity algorithm UIA6: Not Supported
      ....0 = UMTS integrity algorithm UIA7: Not Supported
13:04:13'336.25> UL NAS Security mode complete :
      47 00 00 00 00 00 07 5e
13:04:13'336.33> (DL EARFCN=39550 PCI=55) RRC UL DCCH UL Information Transfer message :
      48 01 08 ec 87 6d b2 60 00 eb c0

图 6.16 上行 NAS 安全模式完成

第7章 链路自适应技术

7.1 实验目的

- 熟悉无线信道传播环境对移动终端数据传输的作用；
- 掌握无线信道的动态变化对调制方式、信道编码码率选择的影响。

7.2 实验设备

实验硬件清单如表7.1所示。

表7.1 实验硬件清单

序号	名称	数量
1	TDD室内型小基站	1台
2	客户终端设备(CPE)	2台
3	计算机	2台
4	路由器	1台
5	交换机	1台
6	核心网服务器	1台

实验软件清单如表7.2所示。

表7.2 实验软件清单

序号	名称	数量
1	Sequans DM软件	1套
2	FileZilla软件	1套

7.3 实 验 原 理

7.3.1 链路自适应技术概述

链路自适应技术的作用是克服或者适应当前信道变化带来的影响,其基本原理是根据无线信道环境的变化,动态地调整发射机和接收机的参数。例如,根据能反映当前信道实际情况的 SINR 指标,自适应地调整发射功率、调制方式、编码速率、重传次数以及数据帧长等,使得无线信道资源得到最大限度的利用。

从链路自适应技术的核心思想可以看出,链路自适应技术主要包含两方面的内容:一方面是信道信息的获取,即准确和有效地获得当前信道环境参数,以及采用什么样的信道指示参数,能够更为准确和有效地反映信道的状况;另一方面是传输参数的调整,其中包含发射功率、调制方式、编码方式、冗余信息以及时频资源等参数的调整。虽然链路自适应技术是对物理层的传输参数进行调整,但它不仅仅需要物理层,也需要其他各层之间紧密配合。

3G 系统广泛采用的链路自适应技术是功率控制技术,我们曾在无线资源管理的功能中提到过功率控制,其实也可以将它看作一种基于物理层的链路自适应技术,其目的是使小区内所有移动终端的信号到达基站时电平基本相等,通信质量维持在一个可接受的水平。发射机根据无线信道的变化调整发射功率,在信道条件较好的时候,降低发射功率,在信道条件较差时,提高发射功率。

4G 系统采用的链路自适应技术主要是 AMC 和 HARQ。

① 自适应调制编码(Adaptive Modulation and Coding,AMC)。AMC 是一种基于物理层的链路自适应技术,能够根据无线信道的变化调整系统传输的调制编码机制(Modulation and Coding Scheme,MCS)。AMC 技术的基本原理是在发射功率恒定的情况下,通过调整无线链路传输的调制方式与编码速率,确保链路的传输质量。在 MCS 的调整过程中,系统总是保持数据传输速率与信道变化趋势一致,从而最大限度地利用无线信道的传输能力。

② 混合自动重传请求(Hybrid Automatic Repeat reQuest,HARQ)。HARQ 是一种基于链路层的链路自适应技术。由于无线信道的时变特性和多径衰落会对信号传输带来不利影响,以及一些不可预测的干扰会导致信号传输失败,因此移动通信系统通常采用前向纠错(Forward Error Correction,FEC)编码和自动重传请求(Automatic Repeat reQuest,ARQ)机制来进行差错控制,从而确保通信质量。ARQ 指接收端检测到接收信息有错后,向发送端报告错误信息,发送端对出错的数据帧进行自动重传达到纠错的目的。ARQ 具有很高的可靠性,但会带来较大的重传时延。FEC 指发送的数据帧包含下行纠错编码,接收端检测到接收信息有错时,通过计算,确定差错的位置并自动予以纠正,它具有时延小的优点,但是纠错能力有限。为了对这两种差错控制方式的优缺点进行折中,HARQ 将 ARQ 和 FEC 混合使用,对少量差错予以自动纠正,而对超过 FEC 纠错能力的差错,通过发送端重传的方法加以纠正。因此,HARQ 具有较高的可靠性和较小的时延,可以实现对信道动态的、精确的、快速的自适应。

为了优化资源利用,AMC 一般要求选择的 MCS 能够使得误块率(Block Error Rate,BLER)小于 10%,并且通过 HARQ 技术使得丢包率(Packet Error Rate,PER)远低于 1%。显然,这一具有相对较高 QoS 要求的目标是允许系统用较高的 MCS 来保证链路资源获得充分利用的。下面重点介绍 AMC 和 HARQ 的内容。

7.3.2　自适应调制编码

在没有自适应调制编码(AMC)的系统中,为了保证接收端的 QoS 指标,系统所用的固定 MCS 方式是根据最差的信道质量来确定的。当信道衰落很大时,如 30 dB 的深衰落,会极大地浪费频谱资源,降低系统效率。而支持 AMC 技术的系统能在保证 QoS 的前提下,自适应地改变传输的 MCS。具体地说就是,AMC 通过调整无线链路传输的调制方式与编码速率,来确保链路的传输质量。

如图 7.1 所示,当信道质量较差时,选择较低的调制阶数和较多的信道编码冗余来保证通信质量;当信道质量较好时,选择较高的调制阶数和较少的信道编码冗余来发送尽可能多的信息数据,从而最大化传输速率。

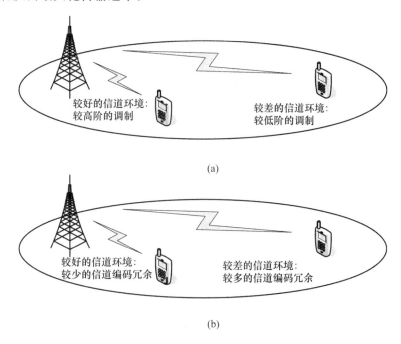

图 7.1　根据信道环境调整调制方式和信道编码冗余

在 LTE 系统中,LA 需要采用快速自适应调制和编码,因为 MCS 在每个 TTI(1 ms)就改变一次。下面介绍 LTE 中 AMC 的实现过程。

1. 信道质量指示

信道环境的好坏用信道质量指示(CQI)来衡量。CQI 由 UE 测量得到,因此 CQI 一般指的是下行信道质量。UE 将测量得到的信道质量量化为 0~15 的索引号(由 4 位二进制数来承载),定义为 CQI,并将它上报给 eNodeB。eNodeB 根据 CQI 的值选择最优的调制和编码方案。CQI 的选取准则是保证 UE 接收到的传输块的 BLER 不超过 10%。

UE 如何将信道质量映射成 CQI 呢？CQI 索引号可以通过查询 BLER-SINR 表得到，但是 UE 通过信道测量得到的是每个子载波的 SINR，而 CQI 对应的是一个资源块（Resource Block，RB）的信道质量，关键问题是要把多个子载波的 SINR 换算成一个 RB 的 SINR。一种实现方法是，对于指数有效信噪比（Exponential Effective SINR Mapping，EESM）模型中的 beta 参数（该值与调制编码方式相关）值对应的各种 MCS，做一个循环，即对每种 MCS 用相应的 beta 值拟合每个子载波的 SINR，计算出对应的等效 SINR，然后利用该等效 SINR 找到最接近目标 BLER（一般目标 BLER 是 10%），再通过 BLER 找到对应的 MCS 等级，找到 MCS 等级后通过查表就能得出 CQI 值。如果有多个 MCS 符合条件，则选择码率最大的那个，因为若码率最大的 MCS 能满足 BLER＜10%，这个 MCS 以下的肯定都满足 BLER＜10%。

需要注意的是，UE 根据高层指示对相应导频信号进行测量，然后上报 CQI 测量报告，网络侧根据 UE 上报的 CQI 测量报告并结合当前网络资源的使用情况，决定是否需要对 UE 的调制方式、资源分配、MIMO 的相关配置进行调整。为了满足不同场景下的上报需要，LTE 系统定义了多种 CQI，CQI 种类由高层通过 RB 数的方式进行定义和配置。当使用 MIMO 空分复用时，针对每个天线端口都会上报一个 CQI。根据调度模式的不同，可以使用周期性或非周期性的 CQI 上报方式。

（1）周期性 CQI 上报

如果是周期性 CQI 上报，CQI 周期就采用固定值，默认为 40 ms。若打开 CQI 自适应或自适应优化，CQI 周期则有 5 ms、20 ms、40 ms 几种取值。

（2）非周期性 CQI 上报

非周期性 CQI 上报需要 eNodeB 主动触发。进入频选的用户会触发非周期性 CQI 上报，周期为 2 ms。

在频选和非频选调度模式下，使用 PUCCH 来承载周期性的 CQI 报告。在频选调度模式下，使用 PUSCH 来承载非周期性的 CQI 报告。

2. 调制方式

在 4G LTE 中主要使用 3 种调制方式，分别为 QPSK、16QAM 和 64QAM。不同的调制方式使用不同的调制映射模式，调制映射采用二进制数 0 和 1 作为输入，产生复值调制符号 x＝I＋jQ 作为输出。不同调制方式对应不同的星座图，需要的信道条件也不相同。简单来说，调制阶数越高（QPSK＜16QAM＜64QAM），需要的信道条件越好。

星座图映射是指按一定规则将输入比特对应到 IQ 坐标系中的复数点。IQ 坐标系本质上就是复坐标系，只是在数字调制过程中，将一对相位正交的 I/Q 调制信号用一个以 I 为横轴、以 Q 为纵轴的复数点表示，记作 x＝I＋jQ。复数点越多，频谱效率越高。

（1）四相相移键控（Quadrature Phase Shift Keying，QPSK）

PSK（Phase Shift Keying）称为相移键控，是主流的数字调制方式。QPSK 是 PSK 中常用的一种，称为四相相移键控。在 QPSK 调制中，一个调制符号包含 2 bit 信息。两比特组 $b(i)$，$b(i+1)$ 映射为复值调制符号 x＝I＋jQ，其星座图如图 7.2 所示。

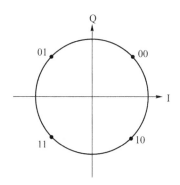

图 7.2　QPSK 调制星座图

由图 7.2 可见,QPSK 采用了 45°/135°/225°/315° 4 种载波相位,分别表示 00、01、11 和 10。QPSK 星座映射是指将 4 种不同相位的载波信号用 I 路和 Q 路两条支路表示。以比特流为“00 01 11 10 01 00 11 10 00 11”的 10 个符号为例,按照图 7.2 所示的映射方式,可以得到图 7.3 所示的 IQ 基带波形及其矢量轨迹图。

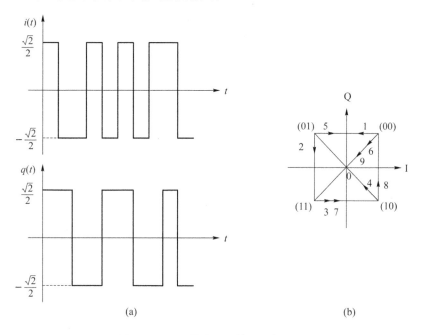

图 7.3　IQ 基带波形及其矢量轨迹图

图 7.3(b)中的数字 1~9 表示符号点的跳变轨迹,例如,跳变路径 1 是指从符号(00)跳变至(01)的矢量轨迹,跳变路径 2 是指从符号(01)跳变至(11)的矢量轨迹。注意到,跳变路径 4、6 和 9 会出现 I 和 Q 同时为 0 的情况,意味着这一瞬间将没有信号输出。这将导致输出的射频信号具有较高的信号峰均比(Peak to Average Power Ratio,PAPR),如果要求发射平均功率达到某一水平,高 PAPR 对应的峰值功率将更高,那么对功率放大器的设计就提出了很大挑战。为了规避这种过零点“行为”,将 Q 路信号延迟半个符号周期,此时 I 和 Q 不会同时为 0,符号跳变时也就绕开了原点,这种 QPSK 调制一般称为 Offset QPSK,简称为 OQPSK。

QPSK 信号的矢量空间是二维的。随着调制阶数的增加,符号间的欧式距离在减小,误码性能会变得越来越差。如果能充分利用二维矢量空间的平面,就能在不减小欧氏距离的情况下,通过增加星座的点数达到提高频谱利用率的效果,从而产生了联合控制载波幅度和相位的调制方式,称为正交幅度调制(Quadrature Amplitude Modulation,QAM)。下面将重点介绍 16QAM 和 64QAM,它们在 LTE 系统的高阶调制中使用得非常广泛。

(2) 16 正交幅度调制(16 Quadrature Amplitude Modulation,16QAM)

在 16QAM 调制中,一个调制符号包含 4 bit 信息。四比特组 $b(i)$,$b(i+1)$,$b(i+2)$,$b(i+3)$ 映射为复值调制符号 x＝I＋jQ,如图 7.4 所示。

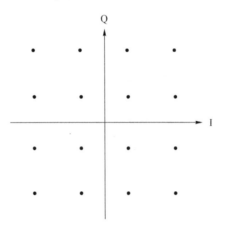

图 7.4 16QAM 调制星座图

图 7.4 中的映射星座图具有 16 个星座点,任意两点之间都有可能存在跳变。每个符号映射点对应的矢量模值可能不同,相位也可能不同,因此,QAM 调制会导致载波的振幅发生变化,同时相位也发生变化。例如,比特流"0100 0101 0011 1100 0000 0010 1001 1100"是 16QAM 调制的 I 路和 Q 路信号,均为 4 电平信号。

(3) 64 正交幅度调制(64 Quadrature Amplitude Modulation,64QAM)

在 64QAM 调制中,一个调制符号包含 6 bit 信息。六比特组 $b(i)$,$b(i+1)$,$b(i+2)$,$b(i+3)$,$b(i+4)$,$b(i+5)$ 映射为复值调制符号 x＝I＋jQ,如图 7.5 所示。

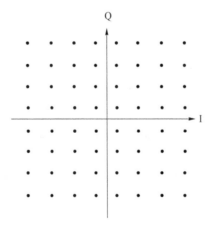

图 7.5 64QAM 调制星座图

3. 码率

MCS 中的编码指的是信道编码,而非信源编码。因为信源编码是为了压缩信息中的冗余,提高信道利用率,信道编码则通过在原始比特信息上加上冗余信息,实现检错、纠错功能,提高可靠性。因此,信道编码也被称为差错控制编码,其目的是改善信号传输质量、降低误码率。

以最简单的汉明码 (n, k) 为例,其码长为 n 位,信息位为 k 位,冗余位则为 $m = n - k$ 位。冗余位越多,可靠性越高,但传输的有效性越低。可见,信道编码是以牺牲有效性来换取可靠性的提高。需要有专门的指标来反映信道编码的性能,码率就是这样一个重要指标。码率指的是信道编码前后的比特数量比,即

$$码率 = \frac{编码前比特数}{编码后比特数}$$

例如,256 bit 的信息经过 Turbo 编码后生成 512 bit 长的码字,那么码率为 1/2。优化的编码致力于用最短的二进制位数表示一个指令,指令越短,效率越高。在指令数量不变的情况下,常用的指令当然越短越好,但是指令不等长将造成接收端沉重的处理负担,等长的编码又会导致无效数据的大量传输,浪费带宽。所以,一般把指令编成两个组(个别也有三个组的),常用的指令用相对短的二进制位数表示,不常用的指令用相对长的二进制位数表示。

在 LTE 中应用的信道编码方法有码率相对较高的 Turbo 码和 LDPC 码,5G 中更是引入了目前为止唯一能够达到香农极限的 Polar 码,不同的编码方案性能各不相同,在具体选择信道编码方案时往往需要在复杂度和性能上做出权衡。

(1) Turbo 码

Turbo 码是由法国工程师 C. Berrou 和 A. Glavieux 等人在 1993 年首次提出的一种级联码。Turbo 码的性能优异,可以非常逼近香农理论极限。

Turbo 码编码器的基本原理如图 7.6 所示。Turbo 码编码器的结构包括两个并联的相同递归系统卷积码编码器(Recursive Systematic Conventional Code, RSCC),二者之间用一个内部交织器分隔。编码器 1 直接对信源的信息序列分组进行编码,编码器 2 对经过交织器交织后的信息序列分组进行编码。信息位一路直接进入信道,另一路经两个编码器后得到两个信息冗余序列,再经复用器进行组合,附在信息位后通过信道。

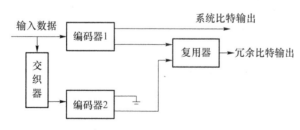

图 7.6　Turbo 码编码器的基本原理

Turbo 码解码器的基本原理如图 7.7 所示,它包含两个解码器。其中,后验概率由每个解码器产生,并被另一个解码器用作先验信息。译码时在两个解码器之间进行迭代译码,通过对比特判决的置信度的帮助,把这两组结果彼此参照,可以得出一次近似的结果。然后,

把这一结果反馈到解码器前端,再进行迭代。经过多次往复迭代,使得其置信度不断提高。迭代次数越多,解码准确度越高,但是复杂度也越高,而且到达某个值后准确度增强效果会逐步变得不明显。

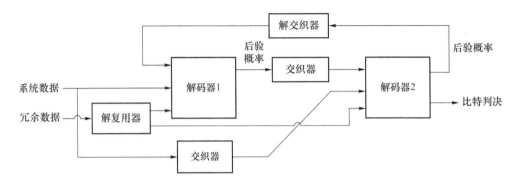

图 7.7　Turbo 码解码器的基本原理

由于该编解码方案的译码过程利用了解码器的输出来改进解码过程,和涡轮增压(Turbo Charger)利用排出的气体把空气压入引擎提高内燃机效率的原理很相似,所以该方案又形象地称为 Turbo 码。

（2）低密度奇偶校验码（Low Density Parity Check Code，LDPC）

LDPC 码是麻省理工学院的 Robert Gallager 于 1962 年在他的博士论文中首次提出的一种具有稀疏校验矩阵的线性分组纠错码,其特点是它的奇偶校验矩阵具有低密度的特性。由于它的奇偶校验矩阵具有稀疏性,因此产生了较大的最小距离（$d_{\min}$）,同时也降低了解码的复杂性。LDPC 码的性能同样可以非常逼近香农理论极限。研究结果表明,实验中已找到的最好 LDPC 码的性能与香农理论极限仅相差 0.004 5 dB。与此同时,LDPC 码的数学描述非常简单,易于进行理论分析和研究,其编解码方法在实现中也非常适宜于并行处理,适合用硬件来实现。与 Turbo 码相比,LDPC 码主要有以下优势。

- LDPC 码的解码可以采用基于稀疏矩阵的低复杂度并行迭代解码算法,运算量要低于 Turbo 码解码算法。并且由于结构并行的特点,在硬件实现上比较容易,解码时延也小。因此在高速率和大文件包的情况下,LDPC 码更具有优势。
- LDPC 码的码率可以任意构造,有更强的灵活性。
- LDPC 码具有更低的错误性能,可以应用于有线通信、深空通信以及磁盘存储等领域中对误码率要求非常高的场合。
- LDPC 码是 20 世纪 60 年代发明的,在知识产权和专利上已不存在使用限制,这为进入通信领域较晚的公司提供了一个很好的发展机会。

但是,LDPC 码也存在构造复杂、不适用于短码等不足之处。值得一提的是,业界对于 LDPC 码的优化一直在进行,它的工业实现成熟度较高。近年来,LDPC 码在短码设计、支持灵活码长和码率等方面也有突破。

4. CQI 与调制编码的对应关系

AMC 的原理是 eNodeB 在综合考虑无线信道条件、接收机特征等因素下,动态地调整 MCS。为了辅助 eNodeB 估计无线信道条件,需要 UE 上报 CQI,eNodeB 根据 UE 反馈的 CQI 参数,从预定义的 CQI 表格中选择具体的调制与编码方式。CQI 与调制方式、码率和编码效率的对应关系如表 7.3 所示。

表 7.3　CQI 与调制方式、码率和编码效率的对应关系

CQI 索引	调制方式	码率	编码效率
0	超出范围		
1	QPSK	0.076	0.152 3
2	QPSK	0.117	0.234 4
3	QPSK	0.188	0.377 0
4	QPSK	0.301	0.601 6
5	QPSK	0.438	0.877 0
6	QPSK	0.588	1.175 8
7	16QAM	0.369	1.476 6
8	16QAM	0.479	1.914 1
9	16QAM	0.602	2.406 3
10	64QAM	0.455	2.730 5
11	64QAM	0.554	3.322 3
12	64QAM	0.65	3.902 3
13	64QAM	0.754	4.523 4
14	64QAM	0.853	5.115 2
15	64QAM	0.926	5.554 7

由表 7.3 可以看出,CQI 值越大,所采用的调制编码等级越高,编码效率越高,所对应的传输块也越大,所提供的下行峰值速率就越高。

AMC 的引入使得靠近小区基站的用户能够被分配较高阶的调制(如 64QAM)和较高码率的信道编码(如 LDPC 码),而靠近小区边缘的用户则被分配较低阶的调制(如 QPSK)和较低码率的信道编码(如卷积码),这就体现了 AMC 允许 eNodeB 按照信道条件给不同用户分配不同数据速率的设计初衷。

5. AMC 技术的系统结构及实现

AMC 技术的系统结构如图 7.8 所示。当发送的信息经过信道到达接收端时,UE 首先进行信道估计,根据信道估计的结果,对接收信号进行解调和译码,同时把信道估计得到的信道状态信息(如重传次数、误帧率、SINR 等)通过反馈信道发送给发送端。发送端根据反馈信息对信道的质量进行判断,从而选择适当的发送参数来匹配信道。

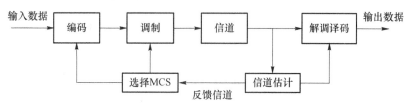

图 7.8　AMC 技术的系统结构

LTE 的下行采用正交频分多址技术,系统的整个频率资源被分成了若干个资源块,通过为每个用户提供部分可用资源块的方法来实现多用户接入。因此,LTE 下行方向的 AMC 就是基于 UE 反馈的 CQI,从预定义的 CQI 表格中确定具体的调制与编码方式。每个用户可以根据分配到的子信道的当前质量状况来实时地调整 MCS。

LTE 的上行采用单载波频分多址技术,为多个用户同时提供接入服务。因此,LTE 上行方向也可以支持 AMC 技术,只不过它基于基站测量的上行信道质量,直接确定具体的调制与编码方式。而且上行链路自适应比下行包含更丰富的内容,除了 AMC 外,还包括传输带宽的自适应调整和发射功率的自适应调整。

通过以上分析不难看出,AMC 技术实现的关键包括以下 3 个方面。

① 信道预测的准确性。信道预测过程中必然存在一定的误差,该误差值对系统平均吞吐量性能有较大的影响。

② 反馈过程中的误差和延时。接收端需要将信道预测值反馈给发送端,在反馈过程中必然存在误差和延时,这些都是影响系统吞吐量性能的重要因素,在实际应用中是必须解决的。

③ MCS 切换门限值的确定。MCS 切换门限值是 AMC 技术中最关键的问题之一。若切换门限值设置得太大,则系统不能充分利用频谱资源,系统吞吐量不能达到最大;但若切换门限值设置得太小,则会导致误帧率提高,重传次数变大,从而使得系统吞吐量也不能达到最大。

7.3.3 混合自动重传请求

实现混合自动重传请求(HARQ)的基本思想是发送端发送具有纠错能力的码组,发送之后并不马上删除,而是存放在缓冲存储器(缓存器)中,接收端接收到数据帧后通过纠错译码纠正一定程度的误码,然后再判断信息是否出错。如果译码正确,就通过反馈信道发送正确接收的确认(ACKnowledge,ACK),反之就发送错误接收的确认(Negative ACKnowledge,NACK)。当发送端接收到 ACK 时,就发送下一个数据帧,并把缓存器里的数据帧删除;当发送端接收到 NACK 时,就把缓存器里的数据帧重新发送一次,直到收到 ACK 或者发送次数超过预先设定的最大发送次数为止,然后再发送下一个数据帧。

HARQ 的系统结构如图 7.9 所示。

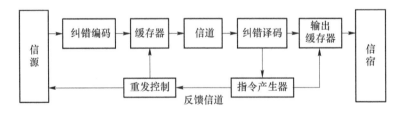

图 7.9 HARQ 的系统结构

HARQ 提供了一种链路层的重传功能,通常包括以下 3 种类型的重传机制。

(1) 停止等待型(Stop And Wait,SAW)

发送端在发送一个数据帧后就处于等待状态,直到收到 ACK 才发送下一个数据帧,或者收到 NACK 之后再次发送上一个数据帧。

停止等待型的重传机制需要耗费大量的时间处于空闲状态,效率低下。

（2）回退 N 步型（Go Back N，GBN）

发送端连续发送数据帧，接收端的应答帧也连续发送。假设在往返时延内可以传输 N 个数据帧，这些已发送的 N 帧数据并不立即删除，而是存放在存储器中，直到它的 ACK 应答帧到达或者达到最大重传次数为止。如果其中某一个数据帧出错，就需要重传出错的帧及其后面所有的帧。

这种重传机制的信道利用率比较高，但是一旦有传错的帧就会导致退回 N 步重发，即使错误帧后面的帧正确接收。这必然会导致资源浪费，传输效率降低。

（3）选择重传型（Selective Repeat，SR）

选择重传型在回退 N 步型的基础上进行了改进。当接收方发现某帧出错后，并不是将后面已经发送过的帧简单地丢弃，也不是把它们立即送给主机处理，而是把它们先保存在接收方的缓冲区中，同时要求发送方重新传送出错的那一帧。当接收方正确接收到重传的错误帧后，再连同缓冲区中的帧，一起按正确的顺序送入主机、递交到高层。

显然，选择重传型减少了浪费，但要求接收方有足够大的缓冲区空间。

7.4 实 验 内 容

1. 设备连接及配置

步骤一：选择一台基站作为两台 CPE 的服务基站，通过设置锁频和锁小区，使两台 CPE 通过无线连接到该基站。

步骤二：用网线将两台计算机分别连接到两台 CPE，将计算机的本地连接中"Internet 协议版本 4"属性中的 IP 地址获取方式设置为自动获取，如图 7.10 所示。

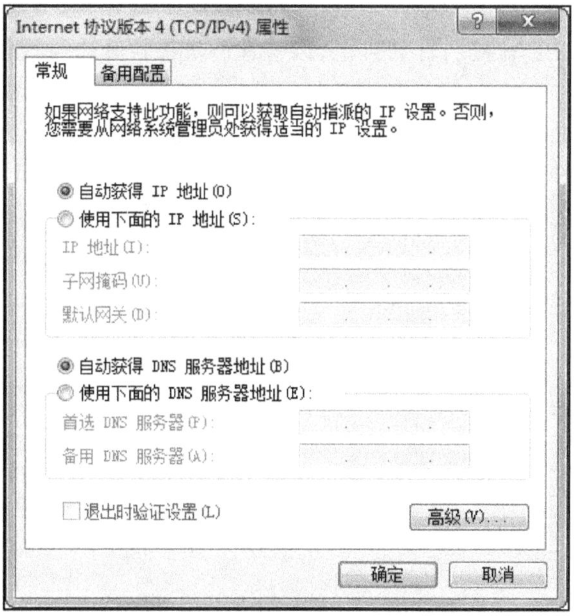

图 7.10　IP 地址设置示意图

步骤三:在连接 CPE 的计算机上,在浏览器中输入网址"192.168.150.1"打开 CPE 界面,将界面上的"扫描方式"设置为"锁定 PCI",单击"新建列表",输入服务基站的频段与 PCI 编号,并保存设置。

步骤四:在 CPE 界面和基站界面上查看 CPE 是否已经成功连接到基站。

步骤五:将两台 CPE 置于不同的信道环境下(可人为地改变其中一台 CPE 的信道环境,如增加衰减等),观察各个 CPE 接收到的 SINR 和 RSRP 强度信息,如图 7.11 所示。

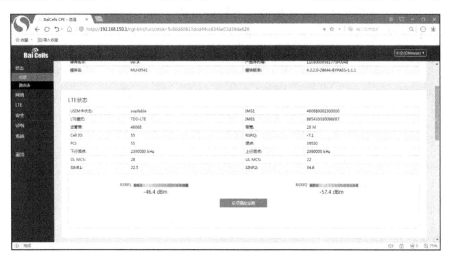

图 7.11　查看 CPE 的信道状态信息

2. 进行 FTP 业务下载

步骤一:准备一台计算机作为 FTP 服务器,将其连接至路由器的 LAN 接口,修改其 IP 地址为"192.168.10.20"。

步骤二:在两台 CPE 连接的计算机上,以管理员身份打开命令行窗口,并输入添加路由命令"route add 169.254.0.0/16 192.168.10.20"。

步骤三:打开 FTP 客户端软件(FileZilla),将主机地址设置为"192.168.10.20",用户名和密码均为"ftp",如图 7.12 所示,然后建立连接。

图 7.12　配置 FileZilla 软件

步骤四:从服务器选择若干文件进行下载。

3. 观察并记录无线链路信息

文件开始下载后,查看基站界面中的 UE 信息,并记录传输过程中的信道反馈以及用户速率的变化。图 7.13 为实验过程中的示例截图。

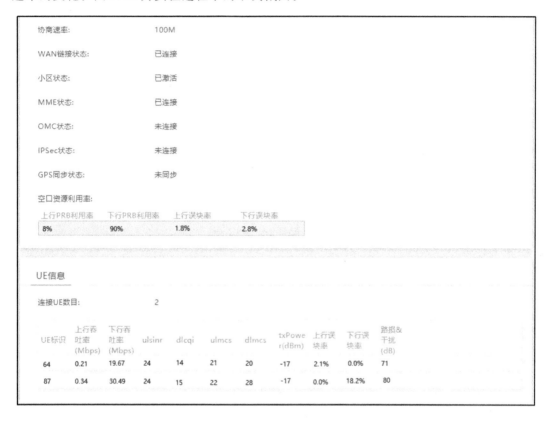

图 7.13　AMC 实验示意图

可以看出,传输速率较大(信道质量较好)的 UE 的 CQI 索引值和 MCS 索引值较大,代表其信道质量较好。在传输过程中,MCS 和 CQI 会随传输速率的变化而变化。

记录其变化过程,并将 2 个 UE 的传输速率、信道反馈信息、MCS 等级进行对比。

第8章 干扰控制技术

8.1 实 验 目 的

- 了解干扰产生的原因及分类；
- 熟悉干扰控制的方法。

8.2 实 验 设 备

实验硬件清单如表8.1所示。

表8.1 实验硬件清单

序号	名称	数量
1	TDD室内型小基站	2台
2	客户终端设备(CPE)	2台
3	计算机	2台
4	路由器	1台
5	交换机	1台
6	核心网服务器	1台

实验软件清单如表8.2所示。

表8.2 实验软件清单

序号	名称	数量
1	Sequans DM软件	1套

8.3　实　验　原　理

8.3.1　干扰的产生及分类

按照干扰产生的来源,将干扰分为系统内干扰和系统间干扰。接下来分别对这两大类干扰进行详细介绍。

1. 系统内干扰

系统内干扰主要指同频干扰,具体包括远距离同频干扰、数据配置错误等。

（1）同频干扰

在移动通信系统中,为了提高频率利用率,增加系统的容量,常常采用频率复用技术。频率复用是指在相隔一定距离后,在给定的覆盖区域内,存在着多个使用同一组频率的小区,这些小区称为同频小区,如图 8.1 所示,标记为 A 的小区为同频小区。

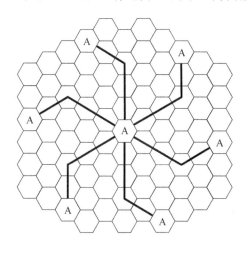

图 8.1　同频小区示意图

同频小区之间的干扰称为同频干扰。假设基站 A 和 B 使用相同的频率,基站 B 相当于图 8.1 中的相隔一定距离后重复使用相同频率的基站 A。若移动台 M 正在接收基站 A 发射的信号,由于基站天线高度大于移动台天线高度,因此,当移动台 M 处于小区边缘时,易受到基站 B 发射信号的同频干扰,造成 SINR 和传输速率的下降。

如果输入移动台 M 接收机的有用信号与同频干扰之比等于射频防护比,则 A、B 两基站之间的距离即为同频复用距离。射频防护比是指达到主观上限定的接收质量时,所需的射频信号对干扰信号的比值,一般用 dB 表示。在图 8.2 中,D_1 为同频干扰源至被干扰的边缘接收机的距离,D_s 为有用信号的传播距离,即小区半径 r_0。这样,同频复用距离 $D = D_1 + D_s = D_1 + r_0$。

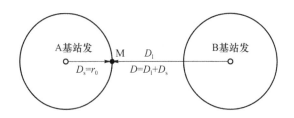

图 8.2　同频复用距离示意图

同频复用系数 α 有时也被称作同频复用因子,表示为 $\alpha = \dfrac{D}{r_0} = 1 + \dfrac{D_1}{r_0}$。可见,它与同频复用距离和小区大小有关,同频复用因子的大小与同频干扰直接相关。在传统蜂窝网络中,同频复用因子越小,频谱利用率越高,频谱复用增益越大,但同频干扰越严重。举个例子,如果射频防护比为 8 dB,可得到 $\dfrac{D_1}{D_s} = 10^{\frac{8}{40}} = 1.6$,于是 $D = 2.6 r_0$,同频复用因子 $\alpha = 2.6$。同频复用因子的典型值通常为 1、4、7、12 等。

以上情况只考虑了来自一个小区基站的干扰,实际上,在蜂窝小区制移动通信中,同频干扰会来自周围若干个小区。同频干扰可以采用控制发射功率不宜过大、限制同频小区的间隔等措施来减小。

(2)远距离同频干扰

对于采用 FDD 的移动通信系统,上、下行频谱隔离是一种天然的规避频率干扰的方法,而采用 TDD 的移动通信系统则使用保护带宽来进行上行、下行的转换,如 TD-LTE 协议规定特殊子帧的下行导频时隙(Downlink Pilot Time Slot,DwPTS)和上行导频时隙(Uplink Pilot Time Slot,UpPTS)之间保留一个保护间隔(Guard Period,GP)作为隔离,确保上、下行之间不会产生干扰,同时每个子帧末尾都留有一定长度的循环前缀(Cyclic Prefix,CP)保护。

然而,在某种特定的气候、地形、环境条件下,TDD 无线信号的传输会形成大气波导效应,远端基站下行信号经过长距离传输后仍然具有较大的强度,因而对本地基站的上行时隙接收信号产生干扰。这里的"长距离传输"通常指传输的时延超过 TDD 系统的上、下行保护时隙 GP。例如,对于 TD-LTE 的 2 个 OFDM 符号长度的 GP 而言,约相当于 43 km 的距离。这就是 TDD 系统特有的"远距离同频干扰"。

如图 8.3 所示,TD-LTE 的每个子帧时长是 30 720 Ts,Ts 是 LTE 中 OFDM 符号快速傅里叶变换(Fast Fourier Transformation,FFT)大小为 2 048 点的采样时间,即 OFDM 时域符号持续时间为 2 048 Ts=1/15 kHz。若帧失步时长超过当前配置下的 GP 保护长度,UpPTS 就会受到干扰。

当远距离的站点信号经过传播,DwPTS 与被干扰站的 UpPTS 可能对齐,导致干扰站的基站发射信号会对被干扰站的基站接收信号产生干扰。也就是说,虽然 TD-LTE 要求严格时间同步,但是在多径效应明显的区域,隔离的效果较差,使其相比于 FDD-LTE 的干扰管理更为重要。所以,TD-LTE 的帧结构设计要求系统可以通过有效的判断,辅以基站间的信息交互,实现相关小区自动配置,以消除或减轻远距离同频干扰带来的影响。

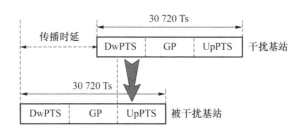

图 8.3　TD-LTE 远距离同频干扰示意图

此外,系统内干扰还可能由数据配置错误引起,如 LTE 网络 PCI、系统带宽、小区 MOD3 干扰等配置错误。

2. 系统间干扰

系统间干扰通常为异频干扰,包括杂散干扰、互调干扰、阻塞干扰、邻频干扰等。

理论表明,完全理想的滤波器是不可实现的,也就是说无法将信号严格约束在指定的工作频率内。因此,发射机在指定信道发射的同时将泄漏部分功率到其他频率,接收机在指定信道接收时也会收到其他频率上的信号,于是就产生了系统间干扰。

(1) 杂散干扰

干扰系统发射机中的功放、混频器和滤波器等非线性器件,会在其工作频带以外很宽的范围内产生辐射信号分量,包括热噪声、谐波、寄生辐射、频率转换产物和互调产物等。当这些发射机产生的干扰信号落在被干扰系统接收机的工作频带内时,就会抬高接收机的噪底(接收机本身的噪声电平),从而降低接收灵敏度,造成杂散干扰。

(2) 互调干扰

互调干扰是指两个或者多个不同频率系统形成互调/谐波产物,这些产物落入受害系统接收机频段内或与其频段相近,从而导致干扰。

(3) 阻塞干扰

阻塞干扰是指当强度较大的干扰信号与有用信号同时输入接收机时,强干扰信号会使接收机链路的非线性器件饱和,产生非线性失真。当信号过强时,也会产生振幅压缩现象,严重时会阻塞整个接收链路而使其不能正常工作。

(4) 邻频干扰

邻频通常指相距两个信道带宽以内的频率,在相邻最近的一个信道称为第一邻频,在第二个信道称为第二邻频。若不同的系统工作在邻频,由于发射机的邻道泄漏和接收机邻道选择性(对位于邻道的干扰信号的抑制能力)的性能限制,则会发生邻频干扰。所以,一般不同系统不会分配在相邻频率,至少会分配足够宽的保护频带。

无线频谱资源由国际标准化组织和各国无线电管理机构统一分配。我国移动运营商的主要频谱划分情况如表 8.3 所示。

表 8.3　我国移动运营商的主要频谱划分情况

运营商	上行频率/MHz	下行频率/MHz	带宽/MHz	总带宽/MHz	制式	
中国移动	890~909	935~954	19	179	GSM900	2G
	1 710~1 725	1 805~1 820	15		DCS1800	2G
	2 010~2 025	2 010~2 025	15		TD-SCDMA	3G
	1 880~1 890 2 320~2 370 2 575~2 635	1 880~1 890 2 320~2 370 2 575~2 635	130		TD-LTE	4G
中国联通	909~915	954~960	6	81	GSM900	2G
	1 745~1 755	1 840~1 850	10		DCS1800	2G
	1 940~1 955	2 130~2 145	15		WCDMA	3G
	2 300~2 320 2 555~2 575	2 300~2 320 2 555~2 575	40		TD-LTE	4G
	1 755~1 765	1 850~1 860	10		FDD-LTE	4G
中国电信	825~840	870~885	15	85	CDMA	2G
	1 920~1 935	2 110~2 125	15		CDMA2000	3G
	2 370~2 390	2 370~2 390	20		TD-LTE	4G
	2 635~2 655	2 635~2 655	20		FDD-LTE	4G
	1 765~1 780	1 860~1 875	15		FDD LIE	4G

需要说明的是,自 2021 年 3 月工业和信息化部发布《2100MHz 频段 5G 移动通信系统基站射频技术要求(试行)》公告以来,各运营商将过去用于 3G/4G 网络的 2.1 GHz 频段调整用于 5G 网络,而且中国电信和中国联通可以采用 3.5 GHz+2.1 GHz 中低频组网的方式来部署 5G 网络,中国移动与中国广电则通过共建共享以 2.6 GHz+700 MHz 的方式来建设 5G 网络。所以,各运营商频谱的实际使用情况已在表 8.3 的基础上进行了调整。

此外,无线频谱资源还包括广播电视、数字卫星通信、军事、航空等领域的专用频谱。各个无线系统使用各自的频率资源,但是由于发射接收器件的非理想特性和保护带大小的不同,也会造成不同系统之间的相互干扰。

8.3.2　具体的干扰控制技术

根据前面的内容介绍,不难理解频率规划决定了系统最大用户容量,也是减少系统干扰的主要手段。为了防患于未然,网络规划工程师在规划阶段需要运用规划软件进行频率规划,并通过同频、邻频干扰预测分析,反复调整相关工程参数和频点,直至达到所要求的同频、邻频干扰指标。如果网络部署后出现干扰问题,需要定位干扰的来源并采取相应措施。接下来从干扰控制的角度,介绍解决干扰问题的方法。

干扰控制的核心思想是通过小区间的协调,对一个小区的可用资源进行限制,以减少本小区对相邻小区的干扰,提高相邻小区在这些资源上的信噪比,以及小区边缘的数据速率和覆盖。小区间干扰控制技术涉及的无线资源包括时间、频率和功率等。当小区间同步不能严格保证时,小区间干扰控制技术主要通过对频率和功率的管理来控制小区间干扰。小区间干扰控制技术主要有小区间干扰协调(Inter-Cell Interference Coordination,ICIC)技术、干扰随机化技术和干扰消除(Interference Cancellation,IC)技术。

1. 小区间干扰协调技术

由于 LTE 的网络结构具有扁平化的特点,小区间干扰协调的功能是在 eNodeB 中考虑并得以实现的。eNodeB 通过 UE 发送的 CQI 得到下行信道干扰情况,也可以通过测量探测参考信号(Sounding Reference Signal,SRS)或是解调参考信号(Demodulation Reference Signal,DM-RS)的 SINR 以及热干扰测算得到上行信道干扰情况。

此外还包括一些干扰指示指标,例如:高干扰指示(High Interference Indication,HII)是相邻小区进行干扰及负荷状态交互的信令指示,一般是在中低负荷时对干扰较大的物理资源块(Physical Resource Block,PRB)进行标识,用于过载前的干扰协调机制;负荷过载指示(Overload Indicator,OI)是在系统负荷较大时,对已经产生的上行干扰的指示;相对窄带发射功率指示(Relative Narrowband TX Power Indicator,RNTP)是对本小区 PRB 的下行发射功率等级的指示,用户通知相邻小区哪些 PRB 以全功率发射,相邻小区在给边缘 UE 调度无线资源时,尽量避开这些 PRB。这些指标信息都是通过 eNodeB 之间的 X2 接口交互的,即 eNodeB 通过 X2 接口相互协作,完成小区间资源分配和调度,以及相应的功率控制,提升 LTE 系统的性能。

从本质上来说,ICIC 是多小区无线资源管理功能的一部分,多小区无线资源管理功能需要考虑的信息包括资源使用状态、业务负荷状况和用户数等。所以 ICIC 的调度和实现是与频率复用技术紧密相关的。基于 OFDMA 的频率复用方法则是对小区边缘用户和小区中心用户采用不同的频率复用策略。

目前 LTE 系统中推荐使用的各种频率资源分配技术、小区间的频率协调管理和复用的方式可以是静态的、半静态的及动态的。

- 静态协调主要通过在部分频带上降低发射功率和频率复用系数大于 1 的方式实现,通常预先给出一种静态软频率复用方案,将整个小区分为边缘区域和中心区域,每个小区的全部频带都划分为边缘频带和中心频带。规定边缘区域用户只能使用特定频带的部分子载波,但可采用全功率发射信号。由于边缘频带的子载波互相正交,所以可以降低边缘用户间的干扰。而中心区域用户可以使用全部频带的子载波,但对收发功率有一定限制,从而即便同一载波被复用也不会产生太大的干扰。该方式的频带划分方式固定,不需要调整边缘频带,优点是信令开销小,但不够灵活。
- 半静态协调在边缘频带和中心频带初始划分的基础上,后续可以根据服务小区和邻区实际的边缘负载动态调整边缘频带,包括频带划分比例和功率分配比例。该方式的优点是能在预分配方案的基础上进行调整,使系统优化。
- 全动态协调没有边缘频带和中心频带初始划分,完全根据服务小区和邻区实际的边缘负载动态调整边缘频带。该方式非常灵活,但信令开销大。

由于需要进行大量的信号处理和复杂的调度管理,全动态协调管理技术在实际网络中一般不用,常用静态和半静态结合的方式。

2. 干扰随机化技术

干扰随机化技术的目标并不是消除干扰,而是将干扰随机化为"白噪声",尽管能够抑制小区间干扰的危害,但带来的信噪比改善程度有限。干扰随机化技术包括小区特定加扰、小区特定交织等。

- 小区特定加扰即在信道编码后,应用伪随机扰码。例如,有两个小区 A 和 B,在信道编码后,分别对其传输信号进行加扰。如果没有加扰,UE 的解码器不能区分接收到的信号是来自本小区还是来自其他小区,它既可能对本小区的信号进行解码,也可能对其他小区的信号进行解码,使得接收性能降低。小区特定加扰可以通过不同的扰码,对不同小区的信息进行区分,让 UE 只针对有用信息进行解码,以降低干扰。例如,LTE 采用 504 个小区扰码(与 504 个小区 ID 绑定)区分小区。加扰并不影响带宽的使用,但可以提高性能。

- 小区特定交织(也称交织多址)是对各小区的信号在信道编码后,采用不同的交织图案进行信道交织,以获得干扰"白噪声"效果。交织图案与小区 ID 一一对应,相距较远的两个小区可以复用相同的交织图案。小区特定交织和小区特定加扰在干扰随机化效果上性能相近。

对于小区间干扰随机化,接收机只需要用本小区的伪随机扰码去解扰,就可以达到干扰随机化的目的。

3. 干扰消除技术

干扰消除技术来源于多用户检测技术,就是将服务小区、同频邻区的信号都进行解调、解码,利用小区间干扰的相关性,将各自的干扰信号、有用信号分离开来。因此,干扰消除技术允许相邻小区的用户使用同样的时频资源,支持同频组网。下面介绍两种实现干扰消除的方法。

- 多天线的空间抑制方法,又称为干扰抑制合并(Interference Rejection Combining,IRC)。该方法需要 UE 多天线的空间分集技术,不依赖发射端配置,利用从两个相邻小区到 UE 的空间信道的独立性,来区分服务小区和干扰小区的信号,配置双天线的 UE 可以区分两个空间信道。

- 基于干扰重构/相减的干扰消除。若能将干扰信号分量准确分离,剩下的就是有用信号和噪声,这种方式是干扰消除的最理想方法。串行干扰抵消是其中的一种实现方式,从输入信号中重构信号和干扰,然后与信号相减,再进行检测。

小区间干扰消除与小区间干扰协调相比,其优势在于对小区边缘的频率资源没有限制,可以实现频率复用系数为 1,能显著改善小区边缘的系统性能。但是小区间干扰消除实现复杂度大,对接收机的处理能力要求高,只能利用预先固定的频率资源来做干扰消除,对小区间的同步要求高。

注意,下行小区间干扰控制的部分技术也可应用于上行干扰管理,但由于上、下行干扰特性的差异,上行小区间干扰管理不但需要降低干扰水平,还需要对干扰随调度周期波动的幅度进行控制。

8.4　实验内容

首先,配置好核心网服务器、两台基站和 CPE,观察两个同频基站下的单个 CPE 的 (SINR1、SINR2)、(RSRP1、RSRP2)以及下载速率,做完单个 CPE 的实验之后,配置两个 CPE,观察两个 CPE 的(SINR1、SINR2)、(RSRP1、RSRP2)以及下载速率,并进行对比。实验步骤如下。

① 配置主机静态 IP 为 192.168.10.20,子网掩码为 255.255.255.0。

② 连接 FTP 服务器,在连接服务器的主机上,打开命令行窗口,输入"route add 113.203.252.0/24 192.168.10.100"。

③ 将 PCI 为 51 和 PCI 为 53 的两个基站的频点都配置成 39550。

④ 锁小区:将单个 CPE94 连接到 PCI 为 51、频点为 39550 的基站。

⑤ 观察 CPE94 的(SINR1、SINR2)、(RSRP1、RSRP2)以及下载速率,如图 8.4 所示。

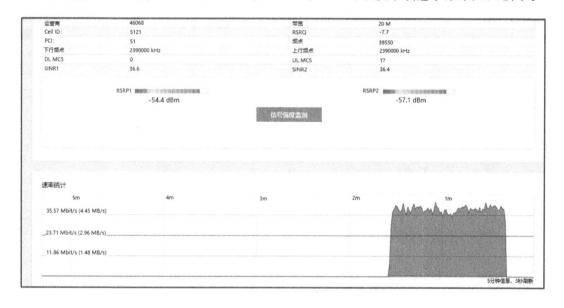

图 8.4　CPE94 的实验结果(一)

⑥ 锁小区:把 CPE84 连接到 PCI 为 53、频点为 39550 的基站,把 CPE94 连接到 PCI 为 51、频点为 39550 的基站。

⑦ 分别观察两个 CPE 的(SINR1、SINR2)、(RSRP1、RSRP2)以及下载速率。CPE84 的(SINR1、SINR2)、(RSRP1、RSRP2)以及下载速率如图 8.5 所示。CPE94 的(SINR1、SINR2)、(RSRP1、RSRP2)以及下载速率如图 8.6 所示。

可以看出,在存在小区干扰的情况下,数据传输速率会受到明显的影响。

图 8.5　CPE84 的实验结果

图 8.6　CPE94 的实验结果(二)

第9章 无线资源调度技术

9.1 实验目的

• 熟悉无线资源调度技术的原理。

9.2 实验设备

实验硬件清单如表9.1所示。

表 9.1　实验硬件清单

序号	名称	数量
1	TDD 室内型小基站	1台
2	客户终端设备（CPE）	2台
3	计算机	2台
4	路由器	1台
5	交换机	1台
6	核心网服务器	1台

实验软件清单如表9.2所示。

表 9.2　实验软件清单

序号	名称	数量
1	Sequans DM 软件	1套

9.3 实验原理

9.3.1 无线资源

前文中多次提到无线资源,为便于理解无线资源调度技术,我们首先介绍无线资源的概念和定义。

在移动通信系统中,无线资源是指空中接口上多个用户共享的物理资源。移动通信系统中的无线资源是有限的,这些无线资源包括频率、时间、码字、空间、功率等资源。

- 频率资源:是客观存在的物理资源,频率一旦规定并发放,其他无线系统就不能再使用,否则不同系统之间的无线频率会互相干扰。
- 时间资源:主要指的是时隙资源,例如,GSM 系统中的时隙,TD-LTE 系统中无论是常规时隙还是上、下行导频时隙,或是保护间隔的特殊时隙,都是时间资源。
- 码资源:用于区分小区信道和用户,首先出现在码分多址(CDMA)中,后来广泛应用于 3G 系统,在准 4G 技术的 LTE 中,扰码也是码资源的一个典型应用。
- 空间资源:可以是天线数目、天线角度、极化方向,甚至包括网络拓扑结构等。LTE 中的 MIMO 就是空间资源的典型应用,它能实现对用户及用户群的位置跟踪,以及空间分集和复用。LTE-Advanced 中基站间的协同多点传输(Coordinated Multiple Points,CoMP)技术也是为了更好地利用空间资源的一个典型例子。
- 功率资源:在移动通信系统中,任何技术的实现都离不开能量的支持,而能量的提供一般都采用电能的方式。电能可以用功率来表示,基站与用户之间通信需要发射功率,因此功率是资源分配中首要考虑的因素。对于功率资源,一般需要系统利用功率控制来动态分配发射功率。

不同的系统所采用的空中接口技术不同,因此所利用的资源种类也不完全相同。例如,GSM 系统没有采用 CDMA 方式,所以就没有利用码资源。表 9.3 所示为 LTE 无线资源管理对象,包括时间、频率、空间、地理、功率、用户等。

表 9.3　LTE 无线资源管理对象

LTE RRM 对象		资源调度方式
资源	时间	1 个 10 ms 帧、10 个 1 ms 子帧 1 个 1 ms 子帧、2 个 0.5 ms 时隙 OFDM 符号长度度量时间
	频率	可灵活调度的子载波,子载波间隔为 15 kHz 支持的系统带宽为 1.4 MHz、3 MHz、5 MHz、10 MHz、15 MHz、20 MHz
	空间	多天线 MIMO 系统,8 种天线工作模式
	地理	小区
	功率	主要是为了抑制干扰,调整天线发射功率的大小
	用户	选择合适的用户,分配恰当的资源
调度周期		1 ms

9.3.2　无线资源管理

无线资源管理(RRM)的目的一方面是提高系统资源的有效性,扩大通信系统容量;另一方面是提高系统可靠性,保证通信 QoS 性能。但可靠性和有效性本来就互为矛盾:要有高的可靠性(时延、丢包率等满足业务要求),就很难保证传输的有效性(高的数据速率),反之亦然。因此,各种无线资源管理技术就是为了实现可靠性和有效性矛盾中的统一。

无线资源管理的功能是以无线资源的分配和调整为基础展开的,包括控制业务连接的建立、维持和释放,管理涉及的相关资源等。无线资源管理的主要职责包括如下几个方面。

- 无线准入控制(Radio Admission Control, RAC):也称接纳控制(Admission Control, AC)或者呼叫接入控制(Call Admission Control, CAC)。接入控制可以理解为系统对用户终端的接入。系统有自己的容量,系统对接入请求接受与否,取决于系统是否有足够的资源满足用户的服务质量请求。

- 负载控制(Load Control, LC):主要任务是将小区间的负载进行合理分配,避免过载。因为一旦系统过载必然会使干扰增加、QoS 下降,系统的不稳定性会使某些特殊用户的服务得不到保证,所以负载控制同样非常重要。如果遇到过载,负载控制算法会使系统迅速并且可控地回到无线网络规划所定义的目标负载值。

- 功率控制(Power Control, PC):在干扰大(信噪比差)的子信道上发射较大的功率,在干扰小(信噪比好)的子信道上发射较小的功率,以此来达到信噪比的恒定。功率控制是在注重效率的同时兼顾公平,即在满足用户 QoS 的条件下实现系统容量最大化。

- 切换控制(Handover Control, HC):为了保证移动用户通信的连续性,或者基于网络负载和操作维护等原因,将用户从当前的小区转移到其他小区。

- 动态资源分配(Dynamic Resource Allocation, DRA):主要负责给用户分配资源。在移动通信的调度中,无线数据要通过数据包来发送、传输,例如,LTE 就是以资源块为单位来调度资源的。每次调度的数据包可以是不同的,一次可以调度一个资源块,也可以调度多个资源块。也就是说,LTE 可以根据用户的 QoS 要求、系统的负载等来安排调度的资源块大小。

- 无线承载控制(Radio Bearer Control, RBC):每个无线承载都对应着一组 QoS 参数。分配优先级主要用于在资源受限的条件下,系统按照该优先级所指定的先后顺序决定是否接受相应的承载建立请求,是否抢占已经存在承载的资源。承载建立后,在 S1 接口上只需传输 QoS 等级标识,eNodeB 就知道其对应的 QoS 属性。

- 小区间干扰协调(Inter-Cell Interference Coordination, ICIC):其调度和实现与频率复用技术紧密相关,需要考虑的因素包括资源使用状态、业务负荷状况和用户数等。

图 9.1 给出了移动通信系统中无线资源管理的原理性框图。

2G 系统的业务主要是语音、短消息和低速数据业务,因此 2G 的无线资源管理主要集中在无线准入控制、负载控制、功率控制、切换控制等。

3G 系统除了能够提供传统的语音、短消息和低速数据业务外,一个关键特性是能够支持宽带移动多媒体数据业务。多媒体数据业务可以分为不同的 QoS 等级,如果不对空中接口资源进行有效的管理,多媒体数据业务所要达到的 QoS 就无法得到保证。因此,3G 的无线资源管理除了无线准入控制、负载控制、功率控制、切换控制等方面以外,还应考虑分组业务的调度和速率控制等。

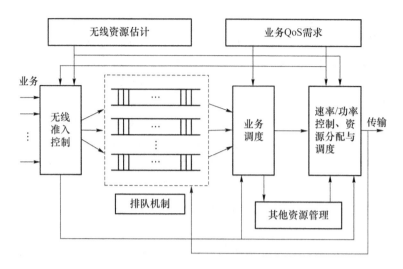

图 9.1　移动通信系统中无线资源管理的原理性框图

由于 4G 系统采用了 OFDMA、MIMO 等关键技术,5G 系统采用了 Massive MIMO、CoMP 等新技术,因此系统的无线资源管理更为关键,特别是无线资源的调度和分配问题比之前的系统更为复杂。

鉴于篇幅有限,下面我们只介绍无线准入控制和无线资源调度的具体算法,功率控制和切换控制等资源管理策略将在后续章节中进行专题介绍。

9.3.3　无线准入控制

无线准入控制(RAC)的目标是尽量提高无线资源的利用率,同时保证已有会话的 QoS。当发生下列 3 种情况时,需要进行无线准入控制:
- UE 的初始建立、无线承载建立;
- UE 发生越区切换;
- 处于连接模式的 UE 需要增加业务。

可见,当无线承载建立或发生变化时,无线准入控制模块就需要执行无线准入控制算法。无线准入控制模块位于无线网络控制器实体中,利用无线准入控制算法,通过评估无线网络中建立某个承载将会引起的负载增加量,来判断是否接入某个用户。若无线资源能够满足申请要求,就接纳该请求,以提高无线资源的利用效率;若新请求的承载业务质量无法保证,或者没有可用的无线资源,则拒绝该请求,以确保已有会话的 QoS。

需要注意的是,无线准入控制算法对上、下行链路同时进行负载增加量评估,只有在上、下行都允许接入的情况下才允许用户接入系统,否则该用户会因为给网络带来过量干扰而被阻塞。

通常,对于多址方式为 FDMA 的系统采用基于频点资源的硬判决,对于多址方式为 TDMA 的系统采用基于时隙资源的硬判决,对于多址方式为 CDMA 的系统采用基于负荷资源的软判决。下面以 LTE 为例,具体说明一个无线承载到来时,RAC 靠什么来判断是允许还是拒绝接入。

RAC 根据 eNodeB 现有无线资源的利用情况及可用情况、各网元的负荷情况、已有会话的 QoS 服务情况和新申请承载的 QoS 要求,来确定一个无线承载是否允许建立。具体判决方法有两类:基于无线资源利用率的 RAC 判决和基于 QoS 水平的 RAC 判决。

1. 基于无线资源利用率的 RAC 判决

RAC 可以基于现有无线资源利用率来判断允许或拒绝一个无线承载建立。设置一定的资源利用率门限,当接纳一个无线承载建立申请时,若导致无线资源利用率高于该门限,则拒绝该申请,若无线资源利用率仍低于该门限,则接纳该申请。

无线准入控制的对象包括信令 SRB 和业务数据 DRB,例如:RRC 连接建立过程传输的是信令,对应于 SRB;数据业务下载过程或视频通话过程传输的是业务数据,对应于 DRB。因此,先申请 SRB,SRB 成功建立后再申请 DRB。

在 LTE 系统中,SRB 的准入控制不但要依据无线资源的利用状况(小区负荷状况、无线接口负荷),还需要依据核心网 MME 的负荷状况(与 S1 接口的负荷状况直接相关)。DRB 准入控制的主要依据是无线资源的利用状况。注意,LTE 的无线资源利用率是时间和子载波组成的二维资源的利用率。

2. 基于 QoS 水平的 RAC 判决

当无线资源利用率过高、发生拥塞时,或者当无线环境恶劣、空中接口速率下降时,QoS 水平就会恶化,对新的业务承载请求来说,其 QoS 要求无法得到保证。当实际 QoS 水平低于系统配置的 QoS 水平时,记为一次 QoS 水平不达标。当 QoS 水平不达标的比例过高时,新申请承载的 QoS 要求就可能得不到满足。

基于 QoS 水平的准入控制算法的思想是:设置一个系统不过载时 QoS 水平不达标的比例门限,若新申请承载准入后,QoS 水平不达标的比例低于该门限,则接受该申请;若新申请承载准入后,QoS 水平不达标的比例高于该门限,则拒绝该申请。

基于 QoS 水平的 RAC 判决是把已有业务的 QoS 水平和新业务请求的 QoS 需求作为资源请求允许或拒绝的判断依据。

9.3.4 无线资源调度

1. 无线资源调度的概念

调度(Scheduling)是指无线资源在不同用户之间的分配。换句话说,充分利用有限的无线资源满足人们日益增长的无线业务需求,这就是无线资源调度的目的。

资源调度分配机制有多种,但最为广泛认同的是,无线资源调度器要能实时动态地控制时频资源的分配,将时频资源在一定时间内分配给某个用户。然而,不同类型的业务对时延的敏感程度是不同的,例如,对话类业务和流类业务对时延非常敏感,而文件下载等非实时业务对时延不敏感,但具有更严格的误码率要求。因此,无线资源调度的任务是根据系统资源和业务 QoS 要求,对数据业务实施高效可靠的传输和调度控制,其主要功能如下。

- 在非实时业务的用户间分配可用空中接口资源,确保用户申请业务的 QoS 要求,如传输时延、时延抖动、分组丢失率、系统吞吐量以及用户间公平性等。
- 为每个用户的分组数据传输分配传输信道。

- 监视分组分配以及网络负载,通过对数据速率的调整来对网络负载进行匹配。

通常调度器位于网络(如 3G 系统的 RNC、4G 系统的 eNodeB)侧,这样不仅可以进行多个小区的有效调度,还可以考虑小区切换的进行。移动台或基站给调度器提供了空中接口负载的测量值,若负载超过目标门限值,调度器就通过降低分组用户的比特速率来减少空中接口的负载;若负载低于目标门限值,则可以提高比特速率,更加有效地利用无线资源。这样,由于分组调度器可以增加或减少网络负载,所以它又被认为是网络流量控制的一部分。

无线资源调度的判决原则需要考虑最大化系统吞吐量、保证用户的公平性、保证不同业务流的服务质量。相应地,无线资源调度算法的 3 个重要指标分别是频谱利用率、用户公平性以及用户 QoS 需求,从网络角度来说,频谱利用率更重要,但是从用户角度来说,用户公平性和用户 QoS 需求更重要,好的调度算法能够兼顾到三者的折中。

2. 无线资源调度的常用算法

无论是 3G 还是 4G,无线资源调度算法大致都是基于以下 3 种经典的算法。

① 轮询算法(Round Robin,RR):基本思想是用户以一定的时间间隔轮流地占用等量的无线资源。假设有 K 个用户,则每个用户被调度的概率都是 $1/K$。如图 9.2 所示,该算法认为小区内所有用户的调度优先级都是相等的,所有用户周期性地被调度,保证每个用户被调度的概率相同。RR 算法没有考虑不同用户的信道状况差异,信道质量差的用户和信道质量好的用户会被分配同样多的调度时间,因此会导致系统的平均吞吐量受到较大影响。

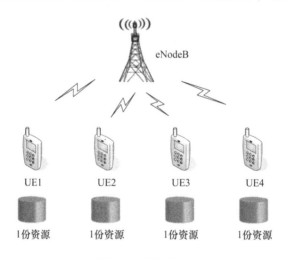

图 9.2 轮询算法

② 最大载干比算法(Max C/I):基本思想是对所有移动台按照其接收信号的 C/I 预测值从大到小的顺序进行服务,假设 $C_1/I_1 > C_2/I_2 > C_3/I_3 > C_4/I_4$。如图 9.3 所示,该算法只考虑信道质量因素,在调度周期(如 1 ms)内把所有资源分配给信道质量最好的终端,保证系统吞吐量可以达到最大值。但是,该算法完全没有考虑用户公平性因素,对于处在小区边缘或深衰落处的终端,因为其信道质量不好将会长时间得不到调度,出现终端被"饿死"的现象。

③ 比例公平算法(Proportional Fair,PF):基本思想是在选择被调度用户时,考虑瞬时速率和长期平均速率的比值,利用权重值对不同用户的优先级进行调整,达到兼顾系统性能

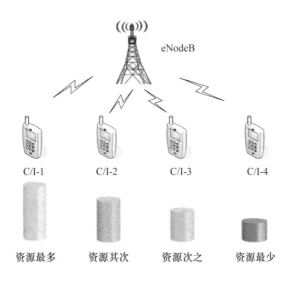

图 9.3　最大载干比算法

和用户体验的目的。如图 9.4 所示,该算法中每个用户都有一个对应的优先级,在任意时刻,小区中优先级最大的用户得到服务,以便在尽量满足信道质量较好终端的高速数据业务需求的同时,兼顾信道质量状况不好的终端的使用体验。

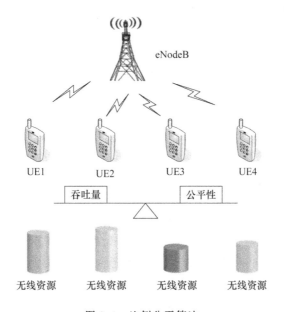

图 9.4　比例公平算法

就目前存在的各种移动通信系统而言,尽管它们的底层技术存在差别,但是无线资源的分组调度仍然大同小异,差别不大,基本的算法还是前面介绍的 3 种,各种优化算法都是基于这 3 种算法的改进。

3. 4G 的无线资源调度

我们以 LTE 为例,介绍其无线资源调度算法的具体实现过程。

无线资源调度是基站 eNodeB 的一项核心功能,位于 eNodeB 的 MAC 子层。资源调度的目的是决定在什么时间、在哪些子载波上、用何种天线传输方式、以多大功率、用何种调制解调方式为用户发送业务数据。

（1）资源调度的分类

根据资源分配方式调整频繁程度的不同，可以将调度分为动态调度（Dynamic Scheduling，DS）、持续调度（Persistent Scheduling，PS）、半持续调度（Semi-Persistent Scheduling，SPS）。

① 动态调度就是动态资源分配，是最基本、最灵活的调度方式。eNodeB 中的动态资源调度器可以为下行共享信道 DL-SCH 和上行共享信道 UL-SCH 分配物理层资源，DL-SCH 和 UL-SCH 分别使用不同的调度器进行调度操作。

这里需要说明的是，LTE 系统不再使用"专用信道"来传送数据，即不再为特定用户长时间地保留固定的资源，取而代之的是"共享信道"，其实现思想是将用户的数据分割成小块，然后依赖高效的调度机制，将来自多个用户的"数据块"复用在一个共享的大的数据信道中传输。

因此，LTE 的性能能否充分发挥，在很大程度上取决于调度机制的效率。一方面要根据无线信道的特性进行灵活调度，另一方面又不能大幅度增加系统的信令开销。

② 持续调度是指在一定的周期内，持续按照一定的资源分配方式为用户分配无线资源，无须物理层、数据链路层控制信道调度信令的交互，可以直接发送或者接收数据。

动态调度可以提高频率分集和多用户分集增益，比较适合数据业务，但物理层和数据链路层的调度信令开销较大。持续调度的有效期长，通常持续多个 TTI，可以大幅减少物理层和数据链路层的调度信令开销，比较适合语音业务，但是资源利用率较低、实时性较差。为了克服动态调度和持续调度的缺点，将二者的优点结合起来，采取动、静结合的方式来调度无线资源，这就是半持续调度，其主要应用于 IP 语音（Voice over IP，VoIP）业务。

③ 半持续调度方案的核心思想是：对处于激活状态的数据包，采用持续调度的方式，确保有足够的无线资源；而对其他数据包，均采用动态调度的方式，以便灵活处理空闲的无线资源。

（2）动态调度的依据

LTE 可以实现时域、频域和码域资源的动态调度和分配。在动态调度下，无线资源分配采用按需分配方式，用户和网络在每个调度时刻都需要交互调度信令。

动态资源调度器需要根据上、下行信道的无线链路状态来进行资源分配，而无线链路状态是根据 eNodeB 和 UE 上报的测量结果进行判定的。分配的无线资源包括物理资源块的数量、物理资源块的位置及调制编码方案。

在频域资源调度中，eNodeB 调度器的主要调度依据如下：

- 上、下行信道的质量指示 CQI，这是最重要的调度依据；
- 无线承载的 QoS 参数；
- eNodeB 的缓存状态、等待调度的负载量；
- 在队列中等待的重传任务；
- UE 能力（Capability）；
- UE 睡眠周期和测量间隔/测量周期；
- 功率限制；

- 干扰条件以及小区间干扰协调所限制使用或倾向使用的资源块信息。

LTE 动态资源调度的主要内容如下：

- 下行子帧内资源分配（时域资源、频率资源、功率资源）；
- 上行子帧内资源分配（时域资源、频率资源、功率资源）；
- 子帧间负荷均衡（时域资源、功率资源）；
- MIMO 模式选择和切换（空域资源调度）；
- 配合 AMC 完成 MCS 的选择；
- 配合 HARQ 完成数据重传。

（3）UE 资源的分配

对上行共享信道 UL-SCH 上的数据传输进行调度授权时，授权的最小颗粒度是每个 UE。

在上、下行链路中，eNodeB 可以在每个 TTI 上利用 C-RNTI 加扰的 PDCCH 为这个 UE 分配资源。当 UE 能够进行上、下行链路数据发送和接收时，为了得到可能分配给该 UE 的上、下行资源，UE 需要一直监视 PDCCH。

4. 5G 的无线资源调度与共享

5G 的无线资源调度与共享是通过无线接入网采用分簇化集中控制与管理、无线网络资源虚拟化和频谱共享技术，实现对无线资源的高效控制和分配，从而满足各种典型应用场景和业务指标要求。

（1）分簇化集中控制与管理

基于控制与承载相分离的思想，通过分簇化集中控制与管理功能模块，可以实现多小区联合的无线资源动态分配与智能管理。也就是说，通过综合考虑业务特征、终端属性、网络状况、用户偏好等多重因素，分簇化集中控制与管理功能将实现以用户为中心的无线资源动态调配与智能管理，形成跨小区的数据自适应分流和动态负荷均衡，进而大幅提升无线网络整体资源利用率，有效解决系统干扰问题，提升系统总体容量。

在实际网络部署中，依据无线网络拓扑的实际情况和无线资源管理的实际需求，分簇化集中控制与管理模块可以灵活地部署于不同无线网络物理节点中。对于分布式基站部署场景，每个基站都有完整的用户面处理功能，基站可以根据站间传输条件进行灵活、精细的用户级协同传输，实现协同多点传输，有效提高系统频谱效率。

（2）无线网络资源虚拟化

通过对无线资源（时域、频域、空域、码域、功率等）、无线接入网平台资源和传输资源的灵活共享与切片，构建适应不同应用场景需求的虚拟无线接入网络，进而满足差异化运营需求，提升业务部署的灵活性，提高无线网络资源利用率，降低网络建设和运维成本。不同的虚拟无线网络之间保持高度严格的资源隔离，可以采用不同的算法进行实现。

（3）频谱共享

在各种无线接入技术共存的情况下，根据不同的应用场景、业务负荷、用户体验和共存环境等，动态使用不同无线接入技术的频谱资源，达到不同系统的最优动态频谱配置和管理，从而实现更高的频谱效率以及干扰的自适应控制。控制节点可以独立地控制，或者基于数据库提供的信息来控制频谱资源的共享与灵活调度。基于不同网络架构，实现同一个系统或异构系统间的频谱共享，进行多优先级动态频谱分配与管理及干扰协调等。

9.4 实 验 内 容

首先配置好一台基站和两台 CPE(CPE84 和 CPE94),观察在 RR 算法、PF 算法以及 Max C/I 算法等 3 种调度算法下,两台 CPE 的(SINR1、SINR2)、(RSRP1、RSRP2)以及下载速率,并进行对比,实现步骤如下。

① 配置主机静态 IP 为 192.168.10.20,子网掩码为 255.255.255.0。

② 连接 FTP 服务器,在连接服务器的主机上,打开命令行窗口,输入"route add 113. 203.252.0/24 192.168.10.100"。

③ 将两台 CPE 分别设置成信道状况好和信道状况不好,其中 CPE94 与基站的通信路径设置遮挡,CPE84 视距传输。

④ 将 PCI 为 55 的基站的频点配置成 39350,上、下行调度算法均设置为 RR 算法。

⑤ 锁小区:将 CPE84 和 CPE94 连接到 PCI 为 55、频点为 39350 的基站。

⑥ 分别观察两台 CPE 的(SINR1、SINR2)、(RSRP1、RSRP2)以及下载速率。

CPE84 的(SINR1、SINR2)、(RSRP1、RSRP2)以及下载速率如图 9.5 所示。CPE94 的 (SINR1、SINR2)、(RSRP1、RSRP2)以及下载速率如图 9.6 所示。

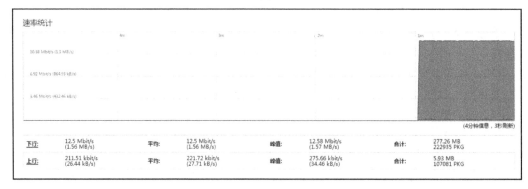

(a)

(b)

图 9.5 CPE84 的实验结果(RR 算法)

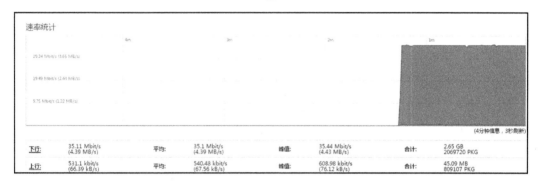

LTE状态

USIM卡状态:	available		IMSI:	460680002300005
LTE模式:	TDD-LTE		IMEI:	865435030096327
运营商:	46068		带宽:	20 M
Cell ID:	55		RSRQ:	-7.7
PCI:	55		频点:	39550
下行频点:	2390000 kHz		上行频点:	2390000 kHz
DL MCS:	23		UL MCS:	8
SINR1:	32.9		SINR2:	11.5

RSRP1　-49.4 dBm　　　　　RSRP2　-47.2 dBm

信号强度监测

（a）

速率统计

| 下行: | 35.11 Mbit/s (4.39 MB/s) | 平均: | 35.1 Mbit/s (4.39 MB/s) | 峰值: | 35.44 Mbit/s (4.43 MB/s) | 合计: | 2.65 GB 2069720 PKG |
| 上行: | 531.1 kbit/s (66.39 kB/s) | 平均: | 540.48 kbit/s (67.56 kB/s) | 峰值: | 608.98 kbit/s (76.12 kB/s) | 合计: | 45.09 MB 809107 PKG |

（b）

图 9.6　CPE94 的实验结果（RR 算法）

⑦ 更换算法：将 PCI 为 55 的基站的频点配置成 39350，上、下行调度算法均设置为 PF 算法。

⑧ 锁小区：将 CPE84 和 CPE94 连接到 PCI 为 55、频点为 39350 的基站。

⑨ 分别观察两台 CPE 的（SINR1、SINR2）、（RSRP1、RSRP2）以及下载速率。

CPE84 的（SINR1、SINR2）、（RSRP1、RSRP2）以及下载速率如图 9.7 所示。CPE94 的（SINR1、SINR2）、（RSRP1、RSRP2）以及下载速率如图 9.8 所示。

LTE状态

USIM卡状态:	available		IMSI:	460680002300005
LTE模式:	TDD-LTE		IMEI:	865435030096327
运营商:	46068		带宽:	20 M
Cell ID:	55		RSRQ:	-7.5
PCI:	55		频点:	39550
下行频点:	2390000 kHz		上行频点:	2390000 kHz
DL MCS:	23		UL MCS:	8
SINR1:	34.4		SINR2:	34.6

RSRP1　-75.0 dBm　　　　　RSRP2　-71.8 dBm

信号强度监测

（a）

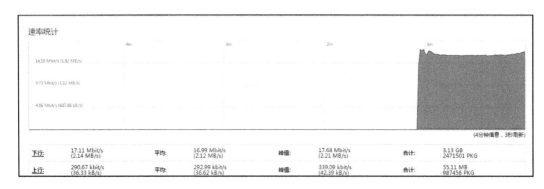

（b）

图 9.7　CPE84 的实验结果（PF 算法）

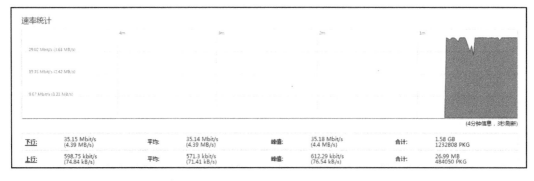

（a）

（b）

图 9.8　CPE94 的实验结果（PF 算法）

⑩ 更换算法：将 PCI 为 55 的基站的频点配置成 39350，上、下行调度算法均设置为 Max C/I 算法。

⑪ 锁小区：将 CPE84 和 CPE94 连接到 PCI 为 55、频点为 39350 的基站。

⑫ 分别观察两台 CPE 的（SINR1、SINR2）、（RSRP1，RSRP2）以及下载速率。

第10章 寻呼技术

10.1 实验目的

- 熟悉寻呼的作用和原理；
- 掌握寻呼的过程和信令交互。

10.2 实验设备

实验硬件清单如表 10.1 所示。

表 10.1 实验硬件清单

序号	名称	数量
1	TDD 室内型小基站	1 台
2	客户终端设备（CPE）	1 台
3	计算机	3 台
4	路由器	1 台
5	交换机	1 台
6	核心网服务器	1 台
7	FTP 服务器	1 台

实验软件清单如表 10.2 所示。

表 10.2 实验软件清单

序号	名称	数量
1	Sequans DM 软件	1 套

10.3 实验原理

10.3.1 寻呼概述

当 UE 处于 ECM-Idle 状态时,表明 UE 已注册到网络但处在非连接模式,将会监听小区广播消息中的跟踪区(Tracking Area,TA)信息。每次需要寻呼 UE 时,如网络中有新的下行数据需要发送给该 UE,就必须找到该 UE,并改变其状态,使其进入连接模式,然后才能进行数据传输。

网络会在 UE 最近注册的一个或多个跟踪区的所有小区内寻呼该 UE,因为 LTE 允许 UE 同时在多个跟踪区注册,这不同于 GSM 中的位置区(Location Area,LA)或 GPRS 中的路由区(Routing Area,RA),它们都限制终端在同一时间只能注册一个跟踪区。因此,MME 跟踪每个 UE 的跟踪区,跟踪区内的所有 eNodeB 都发送寻呼消息,当跟踪区范围较大使信令负担上升时,或当用户注册到多个跟踪区时,运营商需要仔细设计跟踪区的策略。

10.3.2 跟踪区

正是移动通信系统中用户能够随意改变其位置的特性,才需要网络进行移动性管理,它通过不同网元和终端的密切配合,实现用户位置信息的实时上报和更新,完成了通话过程中的切换处理,从而保证了业务连续性,并提升了用户体验。位置区域的设置就是用于管理用户移动性的。

所有移动通信系统都为终端设计了位置区域的概念,如 GSM/UMTS 中的 LA 和 RA。对处于空闲状态的终端,核心网能够知道终端大致所在的位置,如果需要寻找这个终端,核心网可在限定的范围内寻找终端,而不需要在整个网络中寻找。处于空闲状态的终端在移动过程中如果离开了当前注册的位置区域,则会发起位置区域的更新过程,即告知核心网 UE 已经改变了当前所在的区域,需要在核心网中重新注册当前所在的区域。处于连接状态的终端也可能在切换时发生位置区域的改变,终端就要在切换到目标系统后,发起位置更新或路由更新过程,同样通知核心网该终端位置的变化。

在 EPS 中,应用了相似的位置区域概念,这种位置区域称为跟踪区,每个跟踪区用 TAI(TA ID)来进行唯一标识。TAI 是由 MCC、MNC 和 TAC 组成的,TAC 由运营商自行分配,主要起唯一标识终端的作用。同样地,EPC 对处于空闲状态和连接状态的 UE,都要对其注册的 TA 进行管理,UE 也会在发生 TA 改变时更改 EPC 中的 TA 注册信息。因而可以做到,当 UE 处于空闲状态时,核心网知道 UE 所在的跟踪区,当处于空闲状态的 UE 需要被寻呼时,必须在 UE 所注册的跟踪区的所有小区内对 UE 进行寻呼。

在 EPS 中采用的是多注册 TA 的概念,即为 UE 分配跟踪区列表,如图 10.1 所示。

当 UE 注册到网络或者执行 TA 更新后,网络就为 UE 分配一个 TA 列表,UE 同时将这些 TA 注册到 MME 中。如果 TA 列表中包含两个 TA,那么这两个 TA 都注册到 MME

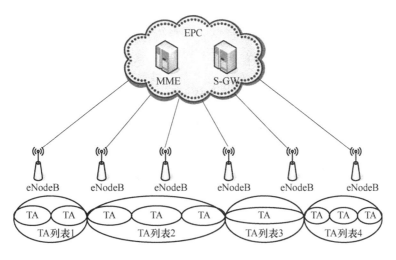

图 10.1 跟踪区列表

中,作为 UE 所在的位置区域。UE 在一个 TA 列表中移动时,TA 的改变不会引起 TA 更新过程的执行,以减少与网络的频繁信令交互。同时,对处于空闲状态的 UE 进行寻呼时,可以在一个 TA 列表的所有 TA 中进行寻呼,也可按照某些优化算法,在 TA 列表的部分TA 中进行寻呼,这样就在 TA 更新的信令负荷和寻呼区大小之间找到了一个平衡点。

当 UE 移出当前的 TA 列表区域时,才需要执行 TA 更新过程,MME 将为 UE 重新分配一个 TA 列表,新分配的 TA 列表也可包含原有 TA 列表中的一些 TA。

TA 列表的分配由网络决定,一个列表中 TA 的数量可变,而且 TA 列表可以通过灵活划分确定。需要注意的是,TA 是小区级的配置,多个小区可以配置相同的 TA,但一个小区只能属于一个 TA。

在 LTE 网络中,不同状态间的转移如图 10.2 所示。

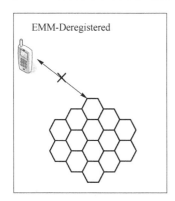
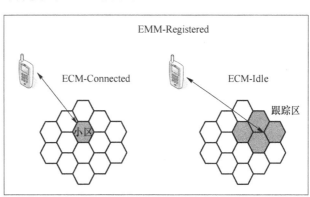

图 10.2 不同状态间的转移

由图 10.2 可以看出,在 EMM-Deregistered 状态下,网络无法找到 UE。在 EMM-Registered 状态下:当 UE 处于连接状态时,网络可以在小区上定位 UE;当 UE 处于空闲状态时,网络可以在跟踪区上定位 UE。

UE 处在空闲状态下,如果有数据流向 UE(例如,有人向 UE 发送即时通信消息),LTE 网络必须唤醒 UE,使其能够接收到数据。这里,所谓"唤醒"就是执行 TA 范围内的寻呼。

网络在接收到 UE 的一些数据时,就会发送一个寻呼信息到其所在的 TA 中的每个 eNodeB。然后,各个 eNodeB 通过无线链路将寻呼信息广播以唤醒 UE。处于空闲状态的 UE 会在规定的时间段醒来,以检查是否有寻呼信息,查看是否有任何传入的数据。如果 UE 发现自己被 eNodeB 寻呼,它将返回到连接状态接收数据。

10.3.3 位置更新

UE 开机,完成鉴权和加密之后,有时附着网络需要进行位置更新。也就是说,第 6 章介绍的 UE 按照图 6.1 所示的流程完成附着之后,如果 UE 的位置后续发生改变,就需要通过相应的流程通知网络侧进行位置更新,否则网络侧无法获取正确的 UE 位置,从而会导致寻呼失败。

图 10.3 所示的流程是在图 6.1 的基础上的延续。通过位置更新请求,MME 将用户当前所在的 MME(MMEID)注册到 HSS;通过位置更新响应,HSS 确认用户位置的注册,并将用户的签约信息(签约的 APN、P-GW ID、QoS 等)返回给 MME。

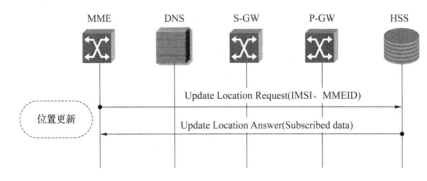

图 10.3 位置更新流程图

1. 注册用户当前所在 MME

MME 需要通过 Update Location Request 消息发起用户的位置更新,将 MME 的主机名和域名写入 HSS 用户动态信息中。位置更新完成后,HSS 用户动态信息中会保存用户当前所在的 MME。

将用户当前所在的 MME 注册到 HSS,是为了在 HSS 需要发信息时可以找到正确的 MME。因为 MME 发给 HSS 的位置更新消息会包含用户的 IMSI 和 MMEID。

HSS 会主动给 MME 发送消息,主要存在于以下几种情况。

① 位置取消(Cancel Location)流程。取消位置的消息可能是 HSS 在收回签约信息时发送,也可能是新的 MME/SGSN 在用户发生初始附着/更新流程时向旧的 MME/SGSN 发送。

② 插入用户数据(Insert Subscriber Data)流程。用户附着在某个 SGSN 时,在 HSS 更改签约数据、更改运营商决定的闭锁(Operator Determined Barring,ODB)、修改单一无线语音呼叫连续性(Single Radio Voice Call Continuity,SRVCC)签约数据、增加用户可达性管理信息、增加计费签约信息等情况下,通过插入用户数据通知 MME/SGSN。

③ 删除用户数据(Delete Subscriber Data)流程。HSS 删除部分或者全部用户签约数

据、更改计费属性、更改 SRVCC 签约数据等场景。

④ 复位(Reset)流程。当 HSS 发生重启时,由 HSS 发送给 MME/SGSN。Reset 消息用来给 MME/SGSN 指示 HSS 曾经发生过某种失败,例如,HSS 可能发生过复位或者异常。

此外,在位置更新过程中,需要注意以下几点。

① GPRS-Subscription-Data-Indicator:如果该比特被设置,表示若 HSS 中有 GPRS 相关签约数据,HSS 须在响应消息中携带 GPRS 的签约数据。纯 MME 类型的网元节点在发送 ULR 消息时,不能设置该比特;MME 和 SGSN 融合节点需要将该比特设置为 1。

② Skip-Subscriber-Data:表示是否需要 HSS 插入用户签约数据。为了节约 S6a 接口资源,MME 在收到用户签约数据之后,会保存用户签约数据直到用户 Detached 超过一段时间,这个时间可以在 MME 上设置。

③ Single-Registration-Indication:单注册指示位,是 S6a 接口 Diameter 消息中的一个比特位。当 UE 从 2G/3G 网络回到 4G 网络发起附着或跟踪区更新(Tracking Area Update,TAU)请求时,会在附着请求或 TAU 请求中携带全球唯一临时 UE 识别码(GUTI),代表此 UE 是从 2G/3G 网络来的。收到这个参数后,MME 向 HSS 发送 Update Location Request 消息,并将"Single-Registration-Indication"置 1,指示 HSS 不能进行双注册。此时 HSS 需要向 SGSN 发送 Cancel Location 消息,将 SGSN 地址信息清除。反过来,当 UE 从 4G 网络到 2G/3G 网络时,SGSN 不会触发 HSS 向 MME 发起地址信息清除,所以此时 UE 是双注册在 2G/3G 网络和 4G 网络的。

④ Initial-Attach-Indicator:指示本次位置更新由初始附着引发。用户 HSS 的动态信息中如果有 SGSN/MME 信息(终端因脱网等原因已经在新的 MME 上重新附着,未通知网络侧),则需要向旧的 SGSN/MME 发送 Cancel Location 消息。

⑤ Node-Type-Indicator:若被设置为 1,表明消息是由 SGSN/MME 融合网元发出的;若被设置为 0,表明是由非融合网元发出的。该位被设置为 0 时到底是非融合的 SGSN 还是 MME 网元还要看 S6a/S6d-Indicator 标记。如果 S6a/S6d-Indicator 是 1,Node-Type-Indicator 是 0,则表明该节点有 S6a/S6d 接口,并且是非融合网元,也就肯定是 MME 网元。HSS 在对 MME 和 SGSN 的位置更新响应处理上会有不同。

2. 位置更新响应

为了提升信息传递效率,位置更新响应消息 Update Location Answer 同时会携带用户签约信息,这也使 IP 承载的 Diameter 协议为大数据包传送提供了可能。

10.3.4　寻呼过程

网络可以向处于空闲状态和连接状态的 UE 发送用于寻呼的 Paging 消息。

寻呼消息中可以携带 4 类参数:被寻呼的终端 ID 列表、系统消息改变指示标识、地震和海啸预警系统(Earthquake and Tsunami Warning System,ETWS)预警指示标识、商业移动告警服务(Commercial Mobile Alert Service,CMAS)预警指示标识。这 4 类参数分别对应寻呼消息的 4 种不同作用,对应以下 4 种应用场景。

- 寻呼过程可以由核心网触发,向处于 RRC-Idle 状态的 UE 发送呼叫请求,用于通知该 UE 接收寻呼请求。
- 由 eNodeB 触发,用于通知处于 RRC-Idle 状态和 RRC-Connected 状态的 UE,系统信息发生了变化或者更新。
- 由 eNodeB 触发,通知 UE 开始接收 ETWS 通知消息。
- 由 eNodeB 触发,通知 UE 开始接收 CMAS 通知消息。

第 1 类 Paging 过程由核心网发起,而后 3 类都是由 eNodeB 发起。尤其由后 2 类寻呼可以看出,网络能通过 Paging 消息通知终端接收 ETWS 通知消息或 CMAS 通知消息,让用户能够及时获得一些紧急事件发生的信息。地震和海啸预警分为两类:第一类是紧急事件的预警,由 SIB10 承载;第二类是辅助救援信息的通知,由 SIB11 承载。商业移动预警信息由 SIB12 承载。接下来按触发对象的不同分别介绍寻呼过程。

1. 核心网触发的寻呼

当核心网侧需要给 UE 发送数据时,须向 eNodeB 发送 Paging 消息;eNodeB 根据 MME 发来的寻呼消息中的 TA 列表信息,使属于该 TA 列表的小区通过寻呼信道发送 Paging 消息,UE 在自己的寻呼时机接收 eNodeB 发送的寻呼消息。

什么是寻呼时机?顾名思义,寻呼时机可以理解为接收寻呼信息的激活时间。因为在移动通信网络中,当有数据需要进行传输时,用户终端要一直监听物理下行控制信道 PDCCH,根据网络侧发送的指示消息对数据进行收发,这样会导致终端的功耗和数据传输的时延都比较大。因此,3GPP 协议在 LTE 系统中引入了非连续接收机制(DRX)的节能策略。DRX 按照工作状态分为空闲状态 Idle-DRX 和连接状态 Connected-DRX。在 Idle-DRX 模式中,UE 没有无线资源连接,主要完成对寻呼信道和广播信道的监听。为了实现非连续接收,只需配置好固定睡眠周期,将空闲模式下的 DRX 周期分为激活期和睡眠期。利用这种机制,在一个 DRX 周期内,终端可以只在寻呼可能出现的子帧去接收 PDCCH,而在其他时间则可以睡眠,以达到省电、延长待机时间的目的。也就是说,在空闲模式下,当 UE 醒来监听到 PDCCH 上携带着寻呼标识 P-RNTI 时,就按照 PDCCH 上指示的参数去接收物理下行共享信道 PDSCH 上的寻呼消息,寻呼消息包括被寻呼终端的用户 ID 列表,这些 ID 可以是 IMSI 或 S-TMSI,安全起见,S-TMSI 比 IMSI 更常用。一般来讲,在一条寻呼消息中,网络最多可以携带 16 个 S-TMSI,这 16 个 S-TMSI 称为一个特定的寻呼组。若与寻呼消息中的 S-TMSI 匹配,则 UE 向上层上报并向 MME 发送业务建立请求消息。若不匹配,则 UE 丢弃接收的信息,并基于 DRX 周期进入睡眠。

核心网触发的寻呼信令流程如图 10.4 所示。

① S-GW 接收到了需要发给 UE 的数据。

② S-GW 给 MME 发送一个寻呼请求。虽然 UE 在网络中的位置未知,但通过存储在 S-GW 中的信息可以分析出当前服务该 UE 的 MME 信息,这些信息主要来自 UE 注册期间的初始化 LTE 附着过程和 MME 重定位过程。

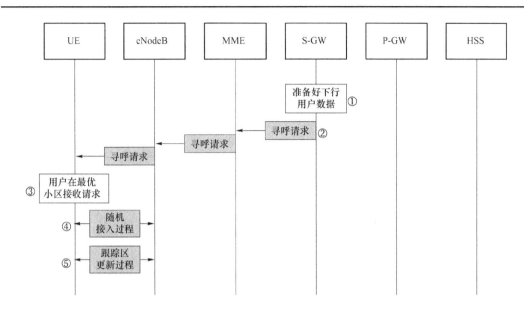

图 10.4 核心网触发的寻呼信令流程

③ MME 向跟踪区内的所有 eNodeB 发送寻呼请求消息,随后所有 eNodeB 在空口发送寻呼指示消息,包含更详细的消息。这个指示会一直重复,直到收到 UE 响应或者达到最大重复次数。如果 UE 仍然在其所注册的跟踪区,将通过它监测到的最优小区的广播信道接收寻呼指示。

④ UE 通过解析这个寻呼指示消息发现自己属于这个寻呼组,从而开始接收完整的寻呼消息以获得更详细的信息,这些信息说明了哪些物理资源要分配给区域内的 eNodeB 来传递寻呼消息。属于相同寻呼组的所有 UE 都会获得这些具体消息,而在同一个跟踪区内属于其他寻呼组的 UE 不需要响应这个寻呼指示。从这些寻呼消息中检测到自己的 IMSI 或 S-TMSI 的 UE 将会发起随机接入过程,而同一个寻呼组中的其他 UE 会丢弃这个消息,并继续监听其他的寻呼指示。

⑤ 被上述寻呼过程找到的 UE 将会从 ECM-Idle 状态变成 ECM-Connected 状态,继续发送信令,如用户数据连接过程、跟踪区更新过程等。

2. 系统信息改变触发的寻呼

当 eNodeB 小区系统信息发生改变时,eNodeB 向 UE 发送 Paging 消息。UE 接收到寻呼消息后,从下一个系统信息改变周期接收新的系统信息。即在获取新的系统信息之前,UE 仍使用旧的系统信息。这种情况下的寻呼信令流程非常简单,如图 10.5 所示。

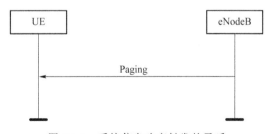

图 10.5 系统信息改变触发的寻呼

10.4 实验内容

首先,按照图 10.6 搭建实验网络。

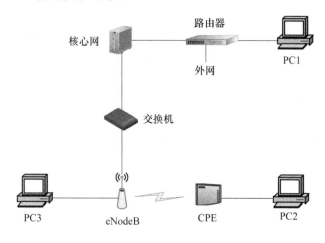

图 10.6 实验网络

其中 3 台计算机(PC1、PC2、PC3)的配置分别如下所述。

PC1:IP 地址为 192.168.10.20,如图 10.7 所示;添加静态路由,在命令行窗口中输入"route add 113.203.252.0/24 192.168.10.100"。

图 10.7 设置 IP 地址

PC2:IP 地址设置成"自动获取";实验中需要使用 Sequans DM,进行相应配置操作。

PC3:IP 地址设置成"自动获取"。

配置好实验环境后,按以下步骤进行寻呼实验。

① 在 PC2 上取消 UE 的 ICMP 重定向。

② 在 PC3 上修改基站的 RRC 状态参数:将 UE 非激活状态定时器和非激活状态定时器的最大超时次数均设置为 2,则实际生效时间为 2 秒乘 2,即 4 秒。

③ 重启基站,记录 UE 的 PDN 地址(总览→APN 地址)。

④ 在 PC1 上 ping UE 的 PDN 地址。

⑤ 在 PC2 上观察 PCCH 消息,从中可以发现 Paging 消息,如下所示。

```
17:31:38'412.16 > PCCH-Message
    message: cl (0)
        cl: paging(0)
        paging
            pagingRecordList:1 item
                Item 0
                    PagingRecord
                        ue-Identity: s-TMSI (0)
                            s-TMSI
                                mec:03 [bit length 8]
                                m-TMSI: 5A6PE28D [bit length 32]
                        cn-Domain: ps (0)
```

第11章 切换技术

11.1 实验目的

- 掌握切换技术的基本原理；
- 熟悉不同切换方式的优缺点；
- 熟悉同频切换、异频切换的流程。

11.2 实验设备

实验硬件清单如表11.1所示。

表11.1 实验硬件清单

序号	名称	数量
1	TDD 室内型小基站	2 台
2	客户终端设备（CPE）	1 台
3	计算机	2 台
4	路由器	1 台
5	交换机	1 台
6	核心网服务器	1 台

实验软件清单如表11.2所示。

表11.2 实验软件清单

序号	名称	数量
1	Sequans DM 软件	1 套
2	Xshell 软件	1 套
3	FileZilla 软件	1 套

11.3 实验原理

11.3.1 切换概述

移动通信的最大特点在于其支持灵活的移动性。当 UE 在不同小区之间移动,或由于无线传输业务负荷量调整、设备故障等原因,网络侧需要实时监测 UE,并控制在适当时刻命令 UE 进行跨小区的切换(Handover,HO),以保持其业务连续性和服务质量。在切换的过程中,UE 与网络侧相互配合完成切换信令交互,尽快恢复业务。

注意,切换是针对处于 RRC-Connected 状态的 UE,而小区重选是针对处于 RRC-Idle 状态的 UE。

根据不同的分类原则,可以将切换分为多种不同的类型。

① 根据切换涉及的网络范围,可以将切换分为系统内切换和系统间切换。

系统内切换是在一个移动通信系统内部进行的切换,如 LTE 系统内的切换。LTE 系统内的切换还可以细分为基于 X2 接口的切换和基于 S1 接口的切换。根据切换小区间的频率关系,系统内切换分为同频切换和异频切换。同频切换是系统中相同频点的小区间切换的过程,异频切换则是系统中不同频点的小区间切换的过程。同频和异频的界定取决于中心频道是否相同,与频带和带宽无关。

系统间切换是在不同的移动通信系统之间进行的切换,如 LTE 与 GSM 系统间的切换、LTE 与 WCDMA/TD-SCDMA 或 CDMA2000 系统间的切换。

② 根据切换触发的原因,可以将切换分为基于覆盖的切换和基于负荷的切换。

基于覆盖的切换是指移动用户在通信过程中,由于移动而离开正在服务的小区进而触发的切换。

基于负荷的切换是指正在服务的小区或者接入点内发生拥塞或负荷量大,而邻近小区较空闲,为了实现负载均衡而触发的切换。

③ 根据切换的处理过程,即按当前链路是在新链路建立之前释放还是在新链路建立之后释放,可以将切换分为硬切换和软切换。

硬切换采用"先断后通"的处理方法,移动终端在同一时刻只占用一个无线信道,移动终端必须在指定时间内,先中断与原基站的联系,调谐到新的链路上,再与新基站建立连接,在切换过程中可能会发生通信短时中断。

软切换则采用"先通后断"的处理方法,两条链路及相对应的两个数据流在一段相对较长的时间内同时被激活,一直到进入新基站,并测量到新基站的传输质量满足指标要求后,才断开与原基站的连接。这种切换可以在通信的过程中平滑完成。当移动台处于小区重叠覆盖区时,同时有两个或两个以上的基站向该移动台发送相同的信号,移动台的分集接收机能同时接收合并这些信号。此时,具有宏分集功能的软切换能够提高切换成功率、改善通信质量、增加系统容量。但软切换仅能用于具有相同频率的不同基站之间,例如,在 CDMA 系统中只需要在伪随机码的相位上进行调整,即可由移动交换中心(MSC)控制完成。

11.3.2 切换过程

通常切换过程包括切换触发原因、切换测量、切换判决与切换执行 4 个环节,如图 11.1所示。

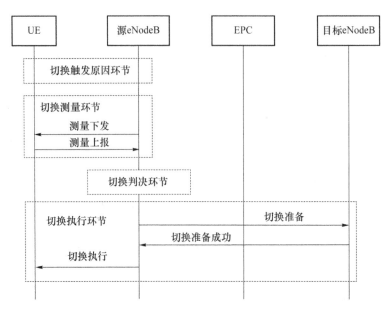

图 11.1　切换过程示意图

1. 切换触发原因

在切换触发原因环节,eNodeB 先判断切换发生的原因,确定启动哪种切换。

一般地,触发原因分为必要类场景和非必要类场景,如表 11.3 所示。必要类场景是指UE 已经无法在本小区继续进行业务,必须发起切换,否则可能会掉话。非必要类场景是指根据网络中的部署策略进行各种切换,即使 UE 没有切换成功,在本小区也可以继续进行业务。

表 11.3　必要类场景和非必要类场景

切换类型		切换方式	切换描述
必要类场景	基于覆盖	同频/异频切换	在 UE 建立无线承载时,eNodeB 通过 RRC Connection Reconfiguration 信令默认下发同频邻区测量配置信息
		异频切换	基于覆盖的异频切换测量配置在服务小区信号质量小于一定门限时下发
	基于上行链路质量	异频切换	当 eNodeB 发现 UE 上行链路质量变差时,则触发基于上行链路质量的异频切换测量
	基于距离	异频切换	当 eNodeB 发现 UE 上报的 TA 值超过某一个门限时,则触发基于距离的异频切换测量。适用于越区覆盖严重的地区

切换类型	切换方式		切换描述
非必要类场景	基于业务	异频切换	基于业务的异频切换测量在 eNodeB 处理 Initial Context Setup Request 消息或承载建立、修改、删除消息之后，判别 UE 的业务状态而触发
	基于频率优先级	异频切换	高、低频段异构组网时，希望 UE 业务尽量承载在高频段，低频段仅用于保证连续覆盖，利用基于频率优先级的异频切换测量来实现这一目的

由表 11.3 可以看出，同频切换只涉及一种触发原因，即基于覆盖的同频切换。而异频切换涉及上述各种不同的触发原因，即基于覆盖、基于上行链路质量、基于距离的必要类场景和基于业务、基于频率优先级的非必要类场景均可能触发异频切换。因此，在异频切换中，由于切换触发原因的不同，切换测量的触发与停止阶段是不同的。

2. 切换测量

对于不同的触发原因，eNodeB 下发不同的切换测量配置信息。

首先来看触发原因唯一的同频切换，当 UE 建立无线承载时，eNodeB 根据连接态移动性管理功能开启的情况，通过 Measurement Configuration 消息给 UE 下发测量配置信息。在 UE 处于连接态或完成切换的情况下，若测量配置有更新，则 eNodeB 通过 RRC Connection Reconfiguration 消息下发更新的测量配置，否则沿用原测量配置信息。

UE 根据 eNodeB 下发的测量配置信息，进行本小区及邻区测量。当对应的小区信号质量满足事件触发条件时，UE 将发送测量报告上报满足条件的小区信息。测量报告中携带测量上报事件，用于指示测量报告的类型。

表 11.4 列出了 E-UTRAN 定义的 7 种测量上报事件。

表 11.4　E-UTRAN 定义的 7 种测量上报事件

事件	门限	动作
A1	服务小区信号质量变得高于对应门限	eNodeB 停止异频/异系统测量。但在基于频率优先级的切换中，事件 A1 用于启动异频测量
A2	服务小区信号质量变得低于对应门限	eNodeB 启动异频/异系统测量。但在基于频率优先级的切换中，事件 A2 用于停止异频测量
A3	邻区信号质量变得比服务小区信号质量好	源 eNodeB 启动同频/异频切换请求
A4	邻区信号质量变得高于对应门限	源 eNodeB 启动异频切换请求
A5	服务小区信号质量变得低于门限 1，并且邻区信号质量变得高于门限 2	源 eNodeB 启动异频切换请求
B1	异系统邻区信号质量变得高于对应门限	源 eNodeB 启动异系统切换请求
B2	服务小区信号质量变得低于门限 1，并且异系统邻区信号质量变得高于门限 2	源 eNodeB 启动异系统切换请求

再来看异频切换,异频切换分为基于测量的异频切换和异频盲切换。

基于测量的异频切换如图 11.2 所示,切换必须由异频测量报告的上报触发。在异频测量阶段,eNodeB 下发异频测量控制,UE 进行异频测量。当邻区质量满足所配置的 A3 或 A4 事件的触发条件时,UE 将上报测量结果。

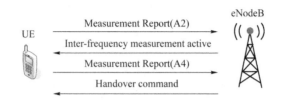

图 11.2　基于测量的异频切换

异频盲切换如图 11.3 所示,eNodeB 控制 UE 跳过异频测量,基于预先配置的邻区的盲切换优先级直接切换。盲切换流程可以省略 UE 测量邻区信号质量的过程,减少空口信令交互,进而能更快地发起切换,节省切换时间。盲切换可应用于目标邻区与服务小区为同覆盖场景,确保盲切换流程不会失败,或者 UE 不支持异频邻区的测量场景,或者运营商对于某些时延特性要求很高的场景,如电路域语音回落(CSFB)。

图 11.3　异频盲切换

总之,切换测量这一过程由 UE 和基站 eNodeB 共同完成,由于过程相对复杂,尤其是异频切换的触发原因多变,我们将在 11.3.3 节详细介绍不同情况下测量的具体过程。

3. 切换判决

在切换判决环节,eNodeB 根据 UE 上报的测量结果进行切换判决,决定是否启动切换。该判决过程是在 eNodeB 内部完成的。

以同频切换为例,当 eNodeB 接收到 UE 发来的测量报告后,获取满足事件 A3 条件的小区,生成切换目标小区列表。针对生成的切换目标小区列表进行小区过滤,在目标小区列表中 Intra-eNodeB 和 Inter-eNodeB 小区测量结果相同的情况下,进行 Intra-eNodeB 小区的优先排序处理,优先实现 Intra-eNodeB 小区的切换,以减少 Inter-eNodeB 切换时带来的信令交互以及数据转发。

若多个 Intra-eNodeB 小区测量结果相同,则随机挑选小区进行切换。Inter-eNodeB 小区情况类似时进行相同的处理。eNodeB 按照过滤后的目标小区列表顺序,向目标小区发送切换请求,只有无线准入控制判决通过的才会下发切换命令。

当切换请求失败时,eNodeB 会向下一个目标小区发送切换请求。如果测量报告中的所有小区都已经尝试过,则等待 UE 发送下一次测量报告。

4. 切换执行

在切换执行环节,eNodeB 根据判决结果,控制 UE 切换到目标小区,完成切换。该过程需要由 UE、eNodeB 和移动性管理实体相互配合协调才能完成。

当做完同频切换决策,eNodeB 将向切换目标小区列表中质量最好的小区发起切换请求。由于 LTE 系统采用的是硬切换,为了防止 eNodeB 数据丢失,采用缓存数据转发机制保证 eNodeB 数据完整,如图 11.4 所示。

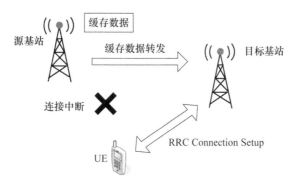

图 11.4　切换执行示意图

需要说明的是,当源 eNodeB 发送切换命令给 UE 后,UE 脱离源 eNodeB,源 eNodeB 将接收到的乱序的上行数据包以及未发送成功的下行数据包转发至目标 eNodeB,这就是缓存数据转发的过程。缓存数据转发可有效防止切换过程中数据丢失造成的用户数据传输速率下降与传输时延增加。同一 eNodeB 内的小区之间的切换无须进行数据转发;对于不同 eNodeB 的小区之间的切换,通过 X2 接口与 S1 接口进行数据转发。

对于相同 MME、不同 eNodeB 的小区间的切换,如图 11.5 中的 eNodeB1 与 eNodeB2,源 eNodeB 通过判断是否与目标小区所属的 eNodeB 之间建立了 X2 链路,自动选择切换发起的路径:若建立了 X2 链路,将通过 X2 接口发起切换请求,且通过 X2 接口进行数据转发;否则,通过 S1 接口发起切换请求,并通过 S1 接口进行数据转发。对于跨 MME 的异 eNodeB 切换,如图 11.5 中的 eNodeB1 与 eNodeB3,通过 S1 接口发起切换请求。

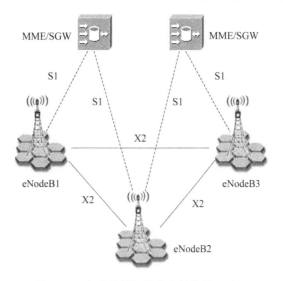

图 11.5　自动选择切换发起的路径 S1/X2

11.3.3 切换测量与上报

eNodeB 给 UE 下发不同种类的测量任务,目的是监测服务小区和邻小区的信号质量,为切换做好铺垫。一般情况下,不同的切换类型用不同的切换测量上报事件来触发。例如,同频切换采用事件 A3 来触发,异频切换采用事件 A1-A2、A3-A4-A5 来触发,异系统切换采用事件 A1-A2、B1-B2 来触发。eNodeB 在 RRC Connection Reconfiguration 消息中携带 Measurement Configuration 给 UE 下发测量配置。UE 收到配置后,对测量对象实施测量,并根据测量上报标准进行结果评估,当评估测量结果满足上报标准时,向 eNodeB 发送相应的测量报告。接下来主要介绍同频切换和异频切换的测量触发事件及具体过程。

1. 测量开关

(1)同频切换测量

同频切换只有一种触发事件 A3,即邻小区信号质量好于服务小区且二者差值超过指定门限,此状态持续一段时间(Time-to-Trigger)后,UE 向网络侧上报 A3 事件报告。由于同一时刻可能有多个邻小区满足事件 A3,因此,A3 事件报告中可以同时包含多个信号质量满足条件的邻小区。网络侧收到 A3 事件报告后立刻进行切换判决,判决成功后就开始向邻小区切换。如此,在事件 A3 触发同频切换之前,相邻小区的信号质量已经强于服务小区的信号质量,所以切换前的 SINR 必将出现恶化,随之下载速率下降。切换完成后,服务小区的信号质量增强,SINR 也有明显的改善,同频切换有效保证了业务持续性。

事件 A3 的触发条件与取消条件如下,示意图如图 11.6 所示。

触发条件:$Mn+Ofn+Ocn-Hys>Ms+Ofs+Ocs+Off$。

取消条件:$Mn+Ofn+Ocn+Hys<Ms+Ofs+Ocs+Off$。

其中各参数说明如下。

Mn:邻区的测量结果。

Ofn:邻区频率的特定频率偏置,该参数用于控制目标小区的优先级。

Ocn:邻区的特定小区偏置,该参数用于控制测量事件触发的难易程度,该值越大越容易触发测量报告上报,即触发难度越低。

Hys:事件 A3 的迟滞参数,该参数表示同频切换测量事件的迟滞,可减少由于无线信号波动导致的对小区切换评估的频繁触发,该值越大越容易防止"乒乓"切换和误判。

Ms:服务小区的测量结果。

Ofs:服务小区的特定频率偏置,默认为 0,同频切换不考虑。

Ocs:服务小区的特定小区偏置,通常为 0。

Off:事件 A3 的偏置参数。

上述这些参数针对事件 A3 设置,用于调节切换触发的难易程度。若上述参数值为正,则增加事件触发的难度,延缓切换,而且值越大越需要目标小区有更好的服务质量才会发起切换;若参数值为负,则降低事件触发的难度,提前进行切换。

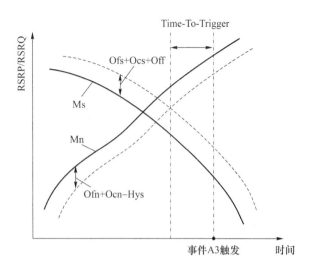

图 11.6 同频切换事件 A3 的触发与取消条件

Time-to-Trigger 是延迟触发时间,要在延迟触发时间内持续满足切换事件触发条件,才能上报。该参数可以减少偶然性触发的事件上报,并降低平均切换次数和误切换次数。该值越大,平均切换次数越少,但会增加掉话的风险。

(2) 异频切换测量

一般地,可以将异频切换过程概括为:当服务小区的质量低于一定的门限(通常由事件 A2 定义)时,启动异频测量。基站下发异频测量控制命令,UE 进行异频测量。当服务小区和邻区同时满足所设置的事件触发条件时,用户上报测量结果。基站对测量报告进行评估判决,生成切换目标小区列表。最后,执行从服务小区向目标小区的切换。当切换后服务小区满足配置的停止条件(通常是事件 A1)时,停止异频测量。

在异频切换中,根据相关事件参数配置的不同,可以通过各种事件触发、停止异频测量或者盲切换,下面将分别介绍不同情况下的异频切换测量。

① 基于覆盖的异频切换测量

基于覆盖的异频切换与测量触发/停止的条件如表 11.5 所示。

表 11.5 基于覆盖的异频切换与测量触发/停止的条件

流程	子流程	触发	停止
测量	异频测量	事件 A2	事件 A1
	异频切换	事件 A3/事件 A4/事件 A5	—
盲重定向/盲切换	优先盲切换(对应盲切换)	测量事件 A2	测量事件 A1
	紧急盲切换(对应盲重定向)	盲事件 A2	盲事件 A1

a. 事件 A1 表示停止异频/异系统测量,如图 11.7 所示。

触发条件:$Ms-Hys>A1$ 特定门限 Thresh。

取消条件:$Ms+Hys<A1$ 特定门限 Thresh。

其中:Ms 是服务小区的测量结果;Hys 是事件 A1 的迟滞参数;Thresh 为事件 A1 特定的门限参数。当服务小区质量在延迟触发时间(异频 A1 时间迟滞)内一直高于相应门限值,并满足事件的上报条件时,将上报事件 A1,关闭异频测量。

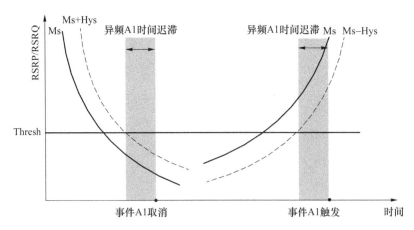

图 11.7　事件 A1 的触发与取消条件

b. 事件 A2 表示启动异频/异系统测量,如图 11.8 所示。

触发条件:Ms+Hys<A2 特定门限 Thresh。

取消条件:Ms-Hys>A2 特定门限 Thresh。

其中:Ms 是服务小区的测量结果;Hys 是事件 A2 的迟滞参数;Thresh 为事件 A2 的门限参数。当服务小区质量在延迟触发时间(异频 A2 时间迟滞)内一直低于相应门限值,并且满足事件的上报条件时,将上报事件 A2,启动异频/异系统测量。

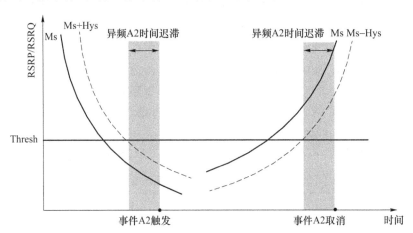

图 11.8　事件 A2 的触发与取消条件

在基于覆盖的异频切换中,事件 A2 用于异频测量的触发,表示服务小区的信号质量已经低于一定门限值。当事件 A2 满足上报条件并上报 eNodeB 后,将触发异频测量配置的下发。若监控到服务小区信号质量进一步降低,在 UE 没有及时切换的情况下,eNodeB 将支持下发盲切换事件 A2。同时,eNodeB 会下发切换事件 A1,用于解除服务小区信号质量进一步降低的情况。此外,在基于覆盖的场景下,若 eNodeB 在处理盲切换流程前,收到 UE 上报的盲切换事件 A1,将停止处理盲切换流程。

注意,当 UE 上报盲事件 A2,eNodeB 则触发盲重定向。重定向是指 RRC-Connected

状态→RRC-Idle 状态→RRC-Connected 状态转换的过程。盲重定向则是当事件 A2 触发上报到来后,系统直接将 UE 重定向到指定的频点上去,没有要求 UE 去测量目标频点的信号质量。但是在 eNodeB 切换处理过程中收到该事件时,先记录事件,如果切换准备失败,再执行盲重定向。若 eNodeB 在盲重定向完成前,收到 UE 上报的盲事件 A1,则停止盲重定向。

基于覆盖的异频切换还可以通过事件 A3/A4/A5 触发,具体 eNodeB 下发通过哪个事件配置触发基于覆盖的异频切换,由后台配置进行控制。

c. 事件 A3 用于触发异频切换时,事件 A3 的偏置参数由 A3Off 决定,频率偏置由参数 Ofn 决定,其他事件 A3 的参数与同频事件 A3 的参数相同。

触发条件:Mn+Ofn+Ocn−Hys>Ms+Ofs+Ocs+A3Off。

取消条件:Mn+Ofn+Ocn+Hys<Ms+Ofs+Ocs+A3Off。

需要说明的是,其他原因触发的异频切换只能通过事件 A4 触发。

d. 事件 A4 表示邻区信号质量变得高于对应门限,如图 11.9 所示。

触发条件:Mn+Ofn+Ocn−Hys>Thresh。

取消条件:Mn+Ofn+Ocn+Hys<Thresh。

其中:Mn 是邻区测量结果;Ofn 是邻区频率的特定频率偏置;Ocn 是邻区的特定小区偏置;Hys 是事件 A4 的迟滞参数;Thresh 为事件 A4 的门限参数,这个门限参数是一个绝对值,与事件 A3 不同。当已经启动 A2 测量时,只要邻区的信号质量大于 A4 设定的门限值,并持续一定时间后,就会切换。

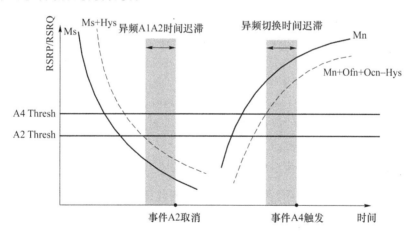

图 11.9　事件 A4 的触发与取消条件

e. 事件 A5 表示服务小区信号质量变得低于门限 1(A2 门限),并且邻区信号质量变得高于门限 2(A4 门限),如图 11.10 所示。

触发条件:Ms+Hys<Thresh1 且 Mn+Ofn+Ocn−Hys>Thresh2。

取消条件:Ms−Hys>Thresh1 或 Mn+Ofn+Ocn+Hys<Thresh2。

事件 A5 用于触发异频切换时,门限 Thresh1 与基于覆盖的异频切换事件 A2 的门限相同,门限 Thresh2 与基于覆盖的异频切换事件 A4 的门限相同。事件 A5 的其他参数与异频事件 A4 的参数保持一致。

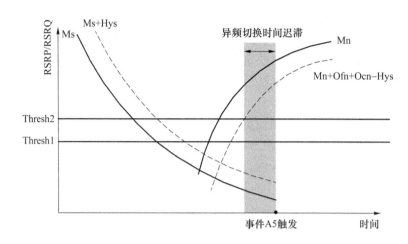

图 11.10　事件 A5 的触发与取消条件

② 基于上行链路质量的异频切换测量

基于上行链路质量的异频切换与测量触发/停止的条件如表 11.6 所示。

表 11.6　基于上行链路质量的异频切换与测量触发/停止的条件

流程	子流程	触发	停止
测量	异频测量	上行链路质量变差	上行链路质量变好
	异频切换	事件 A4	—
盲切换	—	上行链路质量更差,但未收到事件 A4 报告	—

基于上行链路质量的异频切换是基于上行信号质量触发的。当同时满足上行 MCS 索引小于门限,且上行数据传输的初传误块率(Initial Block Error Rate,IBLER)目标收敛值大于门限这两个条件时,下发事件 A4 测量控制。

当 eNodeB 发现 UE 的上行链路质量进一步变差时,eNodeB 会认为 UE 的上行链路质量严重受限,若不能及时触发切换,则容易产生掉话。此时,eNodeB 将进入盲切换流程。

③ 基于距离的异频切换测量

基于距离的异频切换与测量触发/停止的条件如表 11.7 所示。

表 11.7　基于距离的异频切换与测量触发/停止的条件

流程	触发	停止
异频测量	UE 建立的最高优先级 QCI 业务允许切换到某异频频点	测量 GAP 进行了 3 s,却没有触发切换
异频切换	事件 A4	UE 中断了允许切换的 QCI 业务

基于距离的异频切换测量的触发是由 eNodeB 对于 UE 距离的判定来实现的。UE 相对于 eNodeB 的距离的获取依赖于上行定时提前量的机制,即 eNodeB 通过测量 UE 的时间提前(Timing Advance,TA)来计算得到距离。

④ 基于业务的异频切换应用于 LTE 系统异频同覆盖的场景中,实现对业务进行分层。通过此特性,可以根据业务类型优先将某个 QCI 业务建立到不同的频点上,这里不再赘述。

⑤ 基于频率优先级的异频切换测量

基于频率优先级的异频切换功能适用于两种场景:多频段同覆盖组网和多频段不同覆盖组网。其测量触发/停止的条件如表 11.8 和表 11.9 所示。

多频段同覆盖组网的基本思想是尽量由高频段承载业务,而低频段空闲以保证连续覆盖。当 eNodeB 收到事件 A1 报告时,若盲切换开关打开(只有在基于频率优先级的切换中,事件 A1 用于启动异频测量,事件 A2 用于停止异频测量),则触发盲切换,否则触发异频测量,eNodeB 下发事件 A4 测量控制。

多频段不同覆盖组网是指若大带宽、小带宽频段不同覆盖,网络轻载时尽量由大带宽频段来承载业务。当 eNodeB 收到事件 A2 报告时,触发异频测量,eNodeB 下发事件 A4 测量控制。事件 A2 触发的基于频率优先级的异频切换不支持盲切换。

表 11.8　多频段同覆盖组网场景下切换与测量触发/停止的条件

流程	子流程	触发	停止
测量	异频测量	事件 A1	事件 A2
	异频切换	事件 A4	—
盲切换	—	事件 A1	事件 A2

表 11.9　多频段不同覆盖组网场景下测量触发/停止的条件

流程	子流程	触发	停止
测量	异频测量	事件 A2	3 s 定时器
	异频切换	事件 A4	—

2. 测量配置下发

测量配置信息主要由测量对象、上报配置、测量标识、测量量配置、测量间隙等信元构成。这些信元包含上述触发/停止条件中的参数,它们将在按规定配置后下发。

- 测量对象主要包括目标系统、测量频点和目标小区。eNodeB 先选择测量的目标系统,再从对应系统的邻区列表中获取需要测量的频点或小区。每一个测量对象都有一个专属的测量对象参数,如表 11.10 所示。

表 11.10　测量对象主要参数

参数	含义
下行频点	表示 E-UTRAN 异频邻区的下行频点
测量带宽	表示本地小区邻区的测量带宽
频率偏置	表示 E-UTRAN 异频频点下邻区的频率偏置
异频邻区配置信息	表示服务小区异频邻区的配置情况
本地小区异频邻区双发射天线配置指示	表示本地小区中该异频频点下的所有邻区是否配置为两个及两个以上天线端口
高优先级小区列表(可选)	如果配置某些邻区为高测量优先级,则 eNodeB 将提供这些小区的信息

- 上报配置:在一个上报配置列表中,每一条上报配置都包含测量报告触发,触发 UE 发送一条测量报告。这可以是周期性的或者是基于事件触发的。
- 测量标识:eNodeB 基于测量对象及上报配置可以创建一个或多个与其对应的测量标识。测量标识列表中的每一测量标识对应一个具有上报配置的测量对象。通过配置多个测量标识,能够使得多个测量对象对应于同一上报配置,同时也可以使多个上报配置对应于同一测量对象。在测量报告中测量标识用作索引号。
- 测量量配置:同频测量配置、异频测量配置、异系统配置分别对应一个测量量配置。数量配置决定了测量的数量,以及用于该测量类型的所有评估和相关报告的滤波器。滤波器用于消除快衰落或阴影衰落对测量结果的影响。
- 测量间隙:针对异频或异系统测量可能需要下发测量间隙,UE 可以在这个间隙内执行异频测量,此时不调度上、下行传输。

3. 实施测量

切换测量的基本过程主要包括对服务小区信号质量的监测与评估、启动对候选小区的定期小区搜索、对相邻小区的测量及移动性评估。

(1) 对服务小区信号质量的监测与评估

UE 首先要对当前服务小区的信号质量进行定期的监测与评估。若服务小区的信号质量较好(如大于网络配置的门限值),则不执行任何操作,继续监测;若服务小区信号质量变差(如小于网络配置的门限值),则需要执行对相邻小区的测量与评估。

(2) 启动对候选小区的定期小区搜索

候选相邻小区可以是同频、异频及不同 RAT 小区,搜索通常按定义的优先级顺序执行。若成功识别到相邻小区,则对识别的相邻小区进行测量。

小区搜索需要定期重复执行,因为新小区可能在任何时间出现或消失。因此,即使成功识别出了相邻小区,UE 还需继续执行小区搜索,直到服务小区再次达到满意的质量,或者 UE 通过切换或小区重选变更到另一个服务小区。

(3) 对相邻小区的测量

针对小区搜索时成功识别的相邻小区的信号强度进行定期测量(因为信号强度和质量会动态改变),直到服务小区再次达到满意的质量,或者 UE 通过切换、小区重选或小区变更命令移动到另一个业务小区。

(4) 移动性评估

该过程用于判断 UE 是否需要变更服务小区。移动性评估可在网络侧执行,也可在小区重选的情况下在 UE 侧执行。若测量结果满足触发 UE 移动性的准则,则向 eNodeB 上报相应的测量报告。

4. 测量上报

(1) 事件上报

评价小区信号质量的指标有 RSRP 和 RSRQ,二者均可以作为各个事件的触发门限值类型。在后台参数设置的一定时间内,若测量量始终大于所设置的门限,UE 则向 eNodeB 上报满足对应触发条件的事件。例如,处于连接态的 UE 从一个 eNodeB 覆盖区向另外一个 eNodeB 覆盖区移动时,测量发现源基站信号减弱到一定程度,而目标基站信号逐渐增强到一定程度,则触发网络为之切换,以保持业务连续性。当然,触发事件也包括邻小区负荷、流量分布、传输和硬件资源,以及运营商定义的策略。

当 UE 上报次数达到设置的事件上报次数要求时,UE 将停止向 eNodeB 上报测量结果,即使测量量继续满足该事件的触发门限。

(2)周期上报

当 UE 的测量趋于稳定后,UE 开始向 eNodeB 上报第一次测量结果。UE 每隔一定周期向 eNodeB 上报测量结果,直到上报次数达到参数设置的上限要求为止。

11.3.4 LTE 系统内切换信令流程

LTE 系统内切换分为同一个 eNodeB 内的切换、基于 X2 接口的切换和基于 S1 接口的切换 3 种场景。其中,同一个 eNodeB 内的切换是最简单的一类切换场景,基于 X2 接口的切换和基于 S1 接口的切换相对复杂,这两种切换场景的差异如图 11.11 所示。

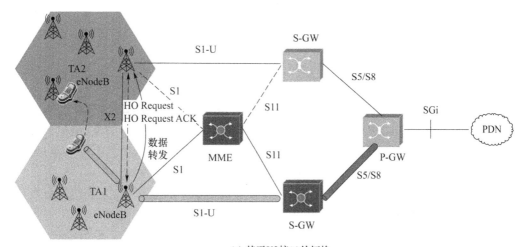

(a) 基于X2接口的切换

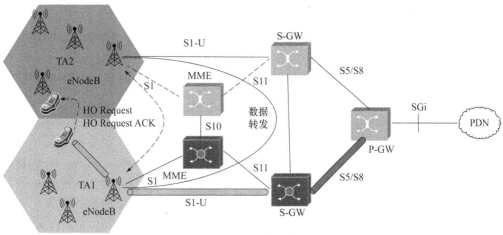

(b) 基于S1接口的切换

图 11.11 基于 X2 接口的切换和基于 S1 接口的切换场景对比

需要注意的是,在 LTE 系统中,UE 在 E-UTRAN 内部进行切换时,没有专门定义 RRC 切换命令,无线链路上的切换过程主要通过 RRC 连接建立、释放和重配置来共同完成。

1. 同一个 eNodeB 内的切换

同一个 eNodeB 内的切换的信令流程如图 11.12 所示,具体步骤如下。

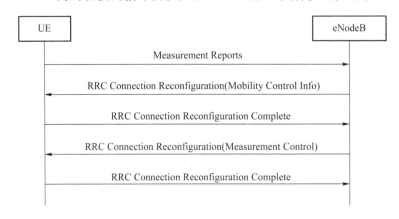

图 11.12　同一个 eNodeB 内的切换的信令流程

① UE 上报测量报告,触发基站切换。

② 基站下发 RRC Connection Reconfiguration 消息给 UE,要求切换到新的小区。消息中携带切换信息 Mobility Control Info,包含目标小区 ID、载频、测量带宽、给用户分配的 C-RNTI、通用 RB 配置信息(包括各信道的基本配置、上行功率控制的基本信息等)等。当消息中存在 Mobility Control Info 这个标识,指示该消息为切换命令。

③ UE 接收到消息后会采用消息中携带的配置在目标小区接入,接入成功后会在目标小区上报的 RRC 重配置完成消息中指示基站切换成功。

④ 基站收到新小区的完成消息后会按照新小区的配置给 UE 重新下发测量配置。

⑤ UE 发送 RRC Connection Reconfiguration Complete 消息,表示更新测量配置完成。

2. 基于 X2 接口的切换

相同 MME 下、不同 eNodeB 间的基于 X2 接口的切换的信令流程如图 11.13 所示。

当 UE 进入 RRC 连接状态之后,eNodeB 通过 RRC Connection Reconfiguration 消息给 UE 下发测量控制消息,该消息携带测量 ID、邻区列表、测量量、测量报告及报告模式等。这个过程是在为切换做准备。

① UE 收到测量控制消息后进行相应测量,在满足报告标准时通过 Measurement Report 消息上报合适的测量报告。

② 源 eNodeB 判决是否满足切换条件,如果满足,则发送 Handover Request 消息给目标 eNodeB,请求目标 eNodeB 在目标小区给该 UE 分配资源,并触发源 eNodeB 和目标 eNodeB 间建立 X2 逻辑通道,用于转发源 eNodeB 缓存的用户数据及相关信令。

③ 目标 eNodeB 接收到切换消息后会进行准入判断,如果允许此 UE 切换接入,则会在目标小区给该 UE 分配包含临时标识等在内的无线资源,并向源 eNodeB 发送 Handover Request Acknowledge 消息指示切换准备成功;同时,完成 eNodeB 之间 X2 逻辑通道的建

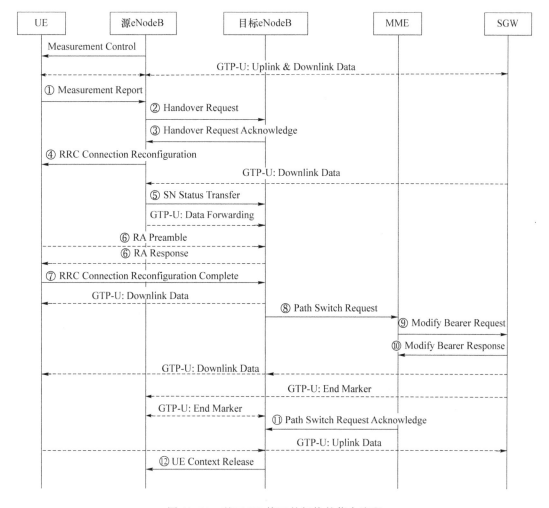

图 11.13　基于 X2 接口的切换的信令流程

立。X2 逻辑通道由 UE X2AP ID 对和 IP 地址对标识。

④ 源 eNodeB 通过 RRC Connection Reconfiguration 消息给 UE 发送切换命令(该消息携带目标小区给用户分配的资源信息),并停发下行数据。

⑤ 如果存在需要转发的 E-RAB 承载,源 eNodeB 就启动转发流程,发送 SN Status Transfer 消息,开始回传缓存的数据到目标 eNodeB。

⑥ UE 收到 RRC Connection Reconfiguration 消息后,按照切换命令指示在目标 eNodeB 发起随机接入(Random Access,RA)过程,包含 RA Preamble 和 RA Response 消息,尝试在目标 eNodeB 接入。

⑦ UE 接入目标 eNodeB 的小区后会发送 RRC Connection Reconfiguration Complete 消息给目标 eNodeB,指示重配置完成。

⑧ 目标 eNodeB 接收到完成消息后,向 MME 发送 Path Switch Request 消息请求核心网切换用户面路径,将 S1-U 接口从 S-GW-源 eNodeB 切换到 S-GW-目标 eNodeB。

⑨ MME 发送 Modify Bearer Request 消息给 S-GW,要求 S-GW 切换用户面路径。

⑩ S-GW 将 S1-U 接口从源 eNodeB 切换至目标 eNodeB,并回复 Modify Bearer

Response 消息。至此,下行数据的路径为 S-GW→目标 eNodeB→UE。

⑪ MME 回复 Path Switch Request Acknowledge 消息给目标 eNodeB,表示 S1-U 接口已切换至目标小区。

⑫ 接收到 Path Switch Request Acknowledge 消息后,目标 eNodeB 会向源 eNodeB 发送 UE Context Release 消息,指示源 eNodeB 可以删除此用户上下文,切换已经成功。源 eNodeB 在收到消息后并不会立即释放用户,而是等待本端数据转发完成后在本地释放。

3. 基于 S1 接口的切换

在以下 3 种情况下,X2 接口无法支持切换信令交互,需由 S1 接口支持的切换来完成。

- 源 eNodeB 和目标 eNodeB 间没有建立 X2 接口。
- 源 eNodeB 尝试通过 X2 接口发生切换,但从目标 eNodeB 收到带有特定原因的失败响应消息。
- 在源 eNodeB 中配置,当发生 EPC 节点改变时,如 MME、S-GW 有变化,需要使用 S1 接口向目标 eNodeB 发起切换。

下面将以最后一种情况为例,分别介绍仅 S-GW 重定位以及 MME 和 S-GW 均重定位这两种有代表性场景的信令流程。由于切换命令同基于 X2 接口的切换,携带的信息内容也一致,因此这里我们重点关注执行切换后,切换完成阶段的信令流程。

(1) 仅 S-GW 重定位

仅 S-GW 重定位的基于 S1 接口的切换的信令流程如图 11.14 所示。

① 目标 eNodeB 向 MME 发送 Path Switch Request 消息通知该 UE 改变了所在的小区,消息中包括目标小区的 ECGI 和拒绝 EPS 承载列表。MME 决定 S-GW 的重定位,选择新的 S-GW。

② MME 向目标 S-GW 发送 Create Session Request(包含 bearer context 以及上行业务的 P-GW 地址和 TEIDs,下行用户平面的 eNodeB 地址和 TEIDs for the accepted EPS bearers,承载与 S5/S8 的协议类型)消息。目标 S-GW 在 S1-U 参考节点为上行数据流分配 S-GW 地址和 TEID(每个承载一个 TEID)。如果有承载要被释放,则 MME 触发承载释放过程。

③ 目标 S-GW 为来自 P-GW 的下行数据流分配地址和 TEID(每个承载一个 TEID)。目标 S-GW 向 P-GW 发送 Modify Bearer Request(用户平面的 S-GW 地址和 TEID)消息。

④ P-GW 更新它的上下文内容,并向目标 S-GW 返回 Modify Bearer Response(P-GW 地址与终端设备标识、MSISDN 等)消息。P-GW 利用接收到的新的地址和 TEID 开始向目标 S-GW 发送下行数据分组。

⑤ 目标 S-GW 向目标 MME 发送 Create Session Response(用户平面的 S-GW 地址和上行 TEID)消息。MME 启动用于步骤⑦的计时器。

⑥ MME 发送 Path Switch Request ACK(用户平面的 S-GW 地址和上行 TEID)消息来确认 Path Switch Request 消息。目标 eNodeB 开始利用新的 S-GW 地址和 TEID(s)传送后续上行数据分组。

⑦ 当步骤⑤中的计时器计时结束,MME 通过发送 Delete Session Request 消息释放源 S-GW 的承载。

⑧ 源 S-GW 向 MME 响应 Delete Session Response 消息。

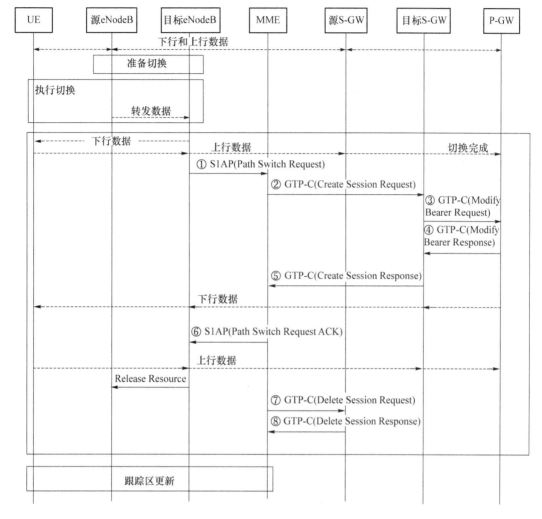

图 11.14　仅 S-GW 重定位的基于 S1 接口的切换的信令流程

　　如果满足触发 Tracking Area Update 的条件,则 UE 发起 Tracking Area Update 过程。此时 UE 处于 ECM-Connected 状态,故该过程只是 MME 执行的 TA 更新过程的子过程。

　　(2) MME 和 S-GW 均重定位

　　MME 和 S-GW 均重定位的基于 S1 接口的切换的信令流程如图 11.15 所示。

　　① 源 eNodeB 向源 MME 发送 Handover Required 消息。源 eNodeB 指出哪些承载需要进行数据转发。

　　② 源 MME 选择目标 MME,并向目标 MME 发送 Forward Relocation Request 消息。

　　③ 目标 MME 选择目标 S-GW,目标 MME 向目标 S-GW 发送 Create Session Request 消息。目标 S-GW 在 S1-U 参考节点分配上行数据流的 S-GW 地址和 TEIDs(每个承载一个 TEID)。

　　④ 目标 S-GW 向目标 MME 发送 Create Session Response 消息。

　　⑤ 目标 MME 向目标 eNodeB 发送 Handover Request 消息,该消息创建目标 eNodeB 中 UE 的上下文。对于每个 EPS 承载,承载的建立包括上行用户平面的 S-GW 地址和

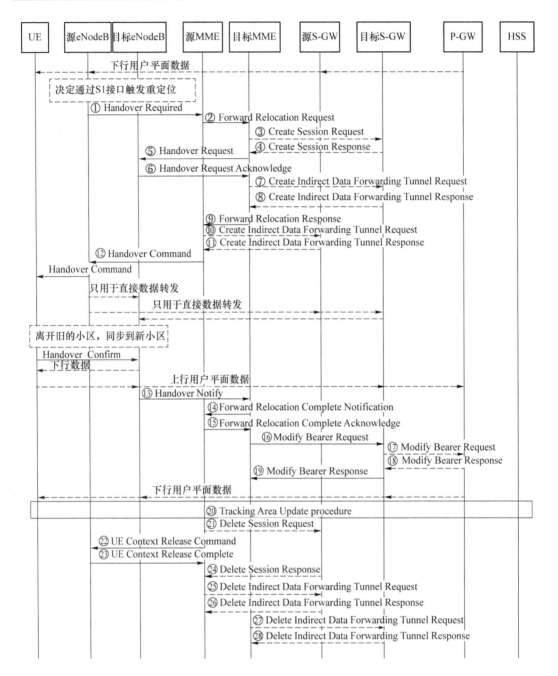

图 11.15 MME 和 S-GW 均重定位的基于 S1 接口的切换的信令流程

TEID,以及承载 QoS。

⑥ 目标 eNodeB 向目标 MME 发送 Handover Request Acknowledge 消息。该消息包括拒绝的 EPS 承载列表以及目标 eNodeB 为下行数据流在 S1-U 参考节点分配的地址和 TEID 列表(每个承载一个 TEID)。

⑦ 如果利用间接转发,则目标 MME 通过向目标 S-GW 发送 Create Indirect Data Forwarding Tunnel Request 消息来转发参数。

⑧ 目标 S-GW 向目标 MME 发送 Create Indirect Data Forwarding Tunnel Response 消息。

⑨ 目标 MME 向源 MME 发送 Forward Relocation Response 消息。对于间接转发,利用此消息传送目标 S-GW 的地址和 TEIDs。S-GW change indication 指明使用了新的 S-GW。

⑩ 如果利用间接转发,则源 MME 向源 S-GW 发送 Create Indirect Data Forwarding Tunnel Request 消息。该消息还包括目标 S-GW 的隧道标识(Tunnel Identifier,TID)。

⑪ 源 S-GW 向源 MME 发送 Create Indirect Data Forwarding Tunnel Response 消息进行响应。

⑫ 源 MME 向源 eNodeB 发送 Handover Command 消息,该消息包括分配给目标 eNodeB 用于转发的地址和 TEID 列表,以及需要释放的承载列表。

⑬ 目标 eNodeB 向目标 MME 发送 Handover Notify 消息。

⑭ 目标 MME 向源 MME 发送 Forward Relocation Complete Notification 消息。

⑮ 源 MME 向目标 MME 发送 Forward Relocation Complete Acknowledge 消息作为响应。源 MME 启动定时器 1 以决定什么时候释放源 eNodeB 和源 S-GW 的资源。在收到 Forward Relocation Complete Acknowledge 消息之后,如果 MME 决定使用间接转发,则目标 MME 启动一个定时器 2。

⑯ 目标 MME 对于每一个 PDN 连接向目标 S-GW 发送 Modify Bearer Request(对于接受的 EPS 承载,目标 eNodeB 为下行数据流在 S1-U 参考节点分配的 eNodeB 地址与终端设备标识)消息。在这种情况下,如果有 EPS 承载需要释放,则 MME 触发承载释放过程。

⑰ 目标 S-GW 为来自 P-GW 下行链路的数据流分配地址和 TEIDs(每个承载一个 TEID)。目标 S-GW 向 P-GW 发送 Modify Bearer Request 消息。

⑱ P-GW 更新它的上下文内容并向目标 S-GW 返回 Modify Bearer Response 消息。P-GW 利用新的接收到的地址和 TEIDs 开始向目标 S-GW 发送下行链路的数据分组。这些下行数据分组将利用新的从目标 S-GW 到目标 eNodeB 的下行路径。

⑲ 目标 S-GW 向目标 MME 发送 Modify Bearer Response 消息。

⑳ 若满足跟踪区更新的条件,则 UE 发起 Tracking Area Update 过程。通过切换消息,目标 MME 收到承载上下文,从而知道是为这个 UE 执行切换过程的,目标 MME 执行的仅是跟踪区更新过程的一个子集,它不包含在源 MME 和目标 MME 间的上下文传送过程。

㉑ 当在步骤⑮中启动的定时器 1 到期,并且源 MME 在 Forward Relocation Response 消息中收到 S-GW 改变的指示,它将通过向源 S-GW 发送 Delete Session Request 消息来释放 EPS 承载资源。

㉒ 当在步骤⑮中启动的定时器 1 到期,源 MME 向源 eNodeB 发送 UE Context Release Command 消息。

㉓ 源 eNodeB 释放与 UE 相关的无线链路、用户面以及控制面资源,并响应 UE Context Release Complete 消息。

㉔ 源 S-GW 确认 Delete Session Response 消息。

㉕ 如果使用间接转发,当源 MME 在步骤⑮中启动的定时器 2 到期,将触发源 MME 向源 S-GW 发送 Delete Indirect Data Forwarding Tunnel Request 消息来释放用于间接转发的临

时资源(在第⑩步分配)。

㉖ 源 S-GW 向源 MME 发送 Delete Indirect Data Forwarding Tunnel Response 响应消息。

㉗ 如果使用间接转发,当目标 MME 在步骤⑮中启动的定时器 2 到期,将触发目标 MME 向目标 S-GW 发送 Delete Indirect Data Forwarding Tunnel Request 消息来释放用于间接转发的临时资源(在第⑦步分配)。

㉘ 目标 S-GW 向目标 MME 发送 Delete Indirect Data Forwarding Tunnel Response 响应消息。

11.4 实 验 内 容

实验 1:同频切换

① 修改连接基站的主机的 IP 地址。

将两台基站分别连接到两台计算机,将一台 CPE 连接到计算机。修改计算机的本地连接中 Internet 协议版本 4 属性中的 IP 地址获取方式,如图 11.16 所示。

图 11.16　Internet 协议版本 4 属性的界面示意图

② 连接基站并进行同频切换的设置。

步骤一:分别在连接基站的两台计算机上,打开浏览器并输入对应基站的 IP 地址 (192.168.9.55 和 192.168.9.66),输入用户名和密码(均为 admin)后进入基站主界面。

步骤二:分别将两个基站添加到各自的邻区列表中,并删除所有的邻频列表,如图 11.17 所示。

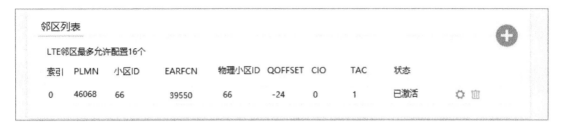

图 11.17　邻频列表的界面示意图

步骤三:设置移动性参数(A3),如图 11.18 所示。

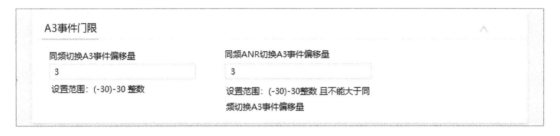

图 11.18　设置 A3 事件门限的界面示意图

③ 连接到 CPE 的 IP 地址,并进行设置。

登录 CPE 的 IP 地址 192.168.150.1,设置 CPE 的扫描方式为"锁频"。

④ 使用 Sequans DM 软件进行数据抓包。

首先添加路由,目的是使我们能够在计算机上查看 Sequans DM 软件的抓包过程,也就是切换信令的获取。以管理员身份打开命令行窗口,输入"route add 169.254.0.1/192.168.150.1"并按"Enter"键。打开 Sequans DM 软件,移动 CPE(或改变 CPE 与基站之间的信道),并在 Sequans DM 软件上观测切换信令,如图 11.19 所示。

⑤ 利用 Xshell 软件抓取基站和核心网之间的切换信令。

首先,确定当前主机连接的是哪一台基站,输入对应于当前基站 IP 地址的指令"ssh 192.169.9.55 27149"(或"ssh 192.169.9.66 27149"),并按"Enter"键。

在弹出的界面中,输入"root",单击"确定"。

在弹出的界面中,输入密码"root123",单击"确定"。

继续输入指令"tcpdump -i any -n -s 0 -xxxvvv -w handover.pcap",并按"Enter"键。

移动 CPE(或改变信道条件),确保 CPE 能够实现基站之间的切换(此处可以为待切换基站安装外接天线,增强其信号强度),然后在 Xshell 界面上按"Ctrl+C"键停止切换信令的监听。单击界面上方的"新建文件传输"按钮,在弹出的界面中单击"取消"。等待片刻后输入"get /root/handover.pcap"来得到切换信令文件。

在搜索框搜索"handover.pcap",并用安装好的 Wireshark 软件打开该文件,在上方的搜索显示过滤框输入"s1ap",得到刚刚抓取的同频切换的信令,如图 11.20 所示。

```
14:38:59'288.95> freq 2390000 pci 66 rssi -28.700000 rsrp -46.700000 rsrq -10.200000 dlTiming 235405 bw 20 MHz
14:38:59'368.52> (DL EARFCN=39550 PCI=55) RRC UL DCCH Measurement Report message :
                 08 10 55 1c 01 09 de 4c
14:38:59'368.62> UL-DCCH-Message
      message: c1 (0)
          c1: measurementReport (1)
              measurementReport
                  criticalExtensions: c1 (0)
                      c1: measurementReport-r8 (0)
                          measurementReport-r8
                              measResults
                                  measId: 2
                                  measResultPCell
                                      rsrpResult: -56dBm <= RSRP < -55dBm (55)
                                      rsrqResult: -16.5dB <= RSRQ < -16dB (7)
14:38:59'488.96> freq 2390000 pci 66 rssi -29.300000 rsrp -46.800000 rsrq -9.700000 dlTiming 235408 bw 20 MHz
14:38:59'688.94> freq 2390000 pci 66 rssi -29.500000 rsrp -47.000000 rsrq -9.700000 dlTiming 235411 bw 20 MHz
14:38:59'888.93> freq 2390000 pci 66 rssi -27.900000 rsrp -49.200000 rsrq -13.900000 dlTiming 235414 bw 20 MHz
14:39:00'088.92> freq 2390000 pci 66 rssi -27.300000 rsrp -49.000000 rsrq -13.900000 dlTiming 235417 bw 20 MHz
14:39:00'288.91> freq 2390000 pci 66 rssi -27.800000 rsrp -45.600000 rsrq -10.000000 dlTiming 235421 bw 20 MHz
14:39:00'596.94> freq 2390000 pci 55 rssi -29.800000 rsrp -50.800000 rsrq -13.200000 dlTiming 235475 bw 20 MHz
14:39:00'766.93> freq 2390000 pci 55 rssi -29.200000 rsrp -49.500000 rsrq -12.500000 dlTiming 235476 bw 20 MHz
14:39:00'794.93> freq 2390000 pci 55 rssi -29.300000 rsrp -53.600000 rsrq -13.600000 dlTiming 235476 bw 10 MHz
14:39:00'549.34> (DL EARFCN=39550 PCI=66) RRC BCCH BCH message :
                 a0 44 00
14:39:00'581.10> (DL EARFCN=39550 PCI=66) RRC BCCH DL SCH System Information Block Type 1 message :
                 70 51 80 d1 00 01 00 00 04 2d 28 6b c8 10 40 c2 1c 13 27 a4 00
14:39:00'596.09> (DL EARFCN=39550 PCI=66) RRC BCCH DL SCH System Information message [ SIB2 ] :
                 10 00 11 0a 5f 7f 58 70 53 15 05 6a 81 00 02 04 00 40 e2 7d aa a5 b7 00 09 80
14:39:00'598.85> (DL EARFCN=39550 PCI=66) RRC UL CCCH RRC Connection Reestablishment Request message :
                 00 09 23 7c b8 78
14:39:00'630.12> (DL EARFCN=39550 PCI=66) RRC DL CCCH RRC Connection Reestablishment Reject message :
                 28
14:39:00'633.60> UL NAS Service request :
                 e7 03 b1 b4
14:39:00'715.28> (DL EARFCN=39550 PCI=66) RRC BCCH BCH message :
                 a0 54 00
14:39:00'761.06> (DL EARFCN=39550 PCI=66) RRC BCCH DL SCH System Information Block Type 1 message :
                 70 51 80 d1 00 01 00 00 04 2d 28 c8 10 40 c2 1c 13 27 a4 00
14:39:00'763.16> UL NAS Service request :
                 e7 04 e7 36
14:39:00'763.43> (DL EARFCN=39550 PCI=66) RRC UL CCCH RRC Connection Request message :
                 40 25 cf de cd 58
14:39:00'776.08> (DL EARFCN=39550 PCI=66) RRC BCCH DL SCH System Information message [ SIB3 ] :
                 10 08 10 12 57 ff ff 1b 5f b0 40
14:39:00'794.28> (DL EARFCN=39550 PCI=66) RRC DL CCCH RRC Connection Setup message :
                 60 72 98 34 fd 50 29 83 81 b9 88 7b 08 18 04 01 e7 a9 59 f8 7d c8 98 00 16 49 42 40 00 de 02 00 c0 00
14:39:00'794.59> (DL EARFCN=39550 PCI=66) RRC UL DCCH RRC Connection Setup Complete message :
                 20 00 09 8e 09 ce 6c
14:39:00'911.27> (DL EARFCN=39550 PCI=66) RRC DL DCCH DL Information Transfer message :
                 08 20 18 3a 70 48
14:39:00'911.32> DL NAS Service reject :
                 07 4e 09
14:39:00'912.09> (DL EARFCN=39550 PCI=66) RRC DL DCCH RRC Connection Release message :
                 28 02
14:39:01'055.22> (DL EARFCN=39550 PCI=66) RRC BCCH BCH message :
                 a0 74 00
14:39:01'101.05> (DL EARFCN=39550 PCI=66) RRC BCCH DL SCH System Information Block Type 1 message :
                 70 51 80 d1 00 01 00 00 04 2d 28 88 c8 10 40 c2 1c 13 27 a4 00
```

图 11.19 Sequans DM 软件抓包示意图

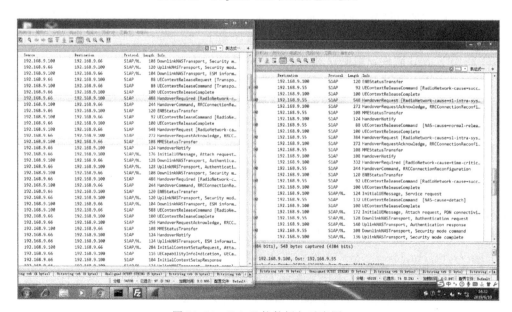

图 11.20 Xshell 软件抓包示意图

实验 2：异频切换

① 配置计算机静态 IP 为 192.168.9.4，子网掩码为 255.255.255.0。

② 登录 192.168.9.55，将基站的 PCI 配置为 55，频点配置为 39350。

③ 登录 192.168.9.66，将基站的 PCI 配置为 66，频点配置为 39550。

④ 登录 192.168.9.55，添加邻频邻区，设置移动性参数。

⑤ 登录 192.168.9.66，添加邻频邻区，设置移动性参数。

⑥ 登录 192.168.150.1，锁频：将 CPE 频点设置为 39550。

⑦ 利用 Xshell 软件抓取基站和核心网之间的切换信令。

首先，确定当前主机连接的是哪一台基站，输入对应于当前基站 IP 地址的指令"ssh 192.169.9.55 27149"（或"ssh 192.169.9.66 27149"），并按"Enter"键。在弹出的界面中，输入"root"，单击"确定"，如图 11.21 所示。

图 11.21　登录界面输入用户名的示意图

在弹出的界面中，输入密码"root123"，单击"确定"，如图 11.22 所示。

图 11.22　登录界面输入密码的示意图

继续输入指令"tcpdump -i any -n -s 0 -xxxvvv -w handover.pcap"，并按"Enter"键。

移动 CPE，确保 CPE 能够实现基站的切换（此处可以为待切换基站安装外接天线，增强其信号强度），然后在 Xshell 界面上按"Ctrl+C"键停止切换信令的监听。

单击界面上方的"新建文件传输"按钮，在弹出的界面中单击"取消"。等待片刻后输入"get /root/handover.pcap"来得到切换信令文件，在文件中可以清晰查找到切换信令。

第12章 功率控制技术

12.1 实 验 目 的

- 熟悉上行开环功率控制、闭环功率控制的作用和原理；
- 通过抓取信令了解功率控制信令交互的过程，加深理解功率控制机制。

12.2 实 验 设 备

实验硬件清单如表 12.1 所示。

表 12.1 实验硬件清单

序号	名称	数量
1	TDD 室内型小基站	1 台
2	客户终端设备(CPE)	1 台
3	计算机	2 台
4	路由器	1 台
5	交换机	1 台
6	核心网服务器	1 台

实验软件清单如表 12.2 所示。

表 12.2 实验软件清单

序号	名称	数量
1	Sequans DM 软件	1 套

12.3 实 验 原 理

12.3.1 功率控制概述

在目前已有的移动通信系统中,无论是以 GSM、IS-95 为主的 2G,还是以 CDMA 为主的 3G,或是 OFDM 主导的 4G,都无一例外地采用了功率控制技术。

功率控制是移动通信系统中一个重要的功能。它是在对接收端的接收信号强度或信噪比等指标进行评估的基础上,适时改变发射端的发射功率来补偿无线信道中的路径损耗和衰落,从而既保证了通信质量,又不会对其他用户产生额外干扰。

1. 功率控制的原则

功率控制最根本的任务就是调低功率,或者提高功率,这两个动作“二选一”。究竟应该如何选择,都是基于接收信号的情况来确定的。与此关联的问题便是,在功率控制的过程中,按照什么原则来调节功率呢? 或者说调节到什么时候为止呢? 其中就涉及功率控制的原则问题。

(1) 功率平衡原则

功率控制的第一原则是功率平衡原则。所谓功率平衡,是指接收到的信号功率大小要一样。

在移动通信的上行链路中,通过功率控制实现在基站侧接收到的每个用户的信号功率都一样大。而在下行链路中,通过功率控制实现在用户侧每个 UE 接收到的基站信号功率都一样大。

(2) 信干比平衡原则

信干比(Signal to Interference Ratio,SIR)平衡原则和功率平衡原则相似,就是要保证接收到的信号干扰比一样大。于是,在下行链路中,通过对基站的功率控制来实现每个用户接收到的信号的信干比一样大。相应地,在上行链路中,通过对手机的功率控制来实现基站侧接收到的每个用户信号的信干比一样大。

(3) 功率与信干比混合平衡原则

为什么功率平衡与信干比平衡的原则要混合起来呢? 因为使用单个原则是有缺陷的。例如,单纯的功率平衡原则是不如单纯的信干比平衡原则的,毕竟功率算作信号强度的话,信干比就是信号质量。

在实际的移动通信系统中,CDMA 系列的系统(如窄带 CDMA 的 IS-95、WCDMA、CDMA2000、TD-SCDMA)均采用了信干比平衡原则,信干比的参考阈值都是由系统的误帧率来决定的。

2. 功率控制分类

从不同的角度分类,功率控制技术可以分为不同的类型。按照通信方向的不同,功率控制分为上行功率控制和下行功率控制。按照基站是否参与功率控制的过程,功率控制又可以分为开环功率控制和闭环功率控制。接下来分别介绍这几类功率控制的思想。

（1）上行功率控制

上行功率控制是指对 UE 的发射功率进行控制，使基站接收到的信号功率相同或者信干比大致相等。采取上行功率控制的好处有以下几点。

- 可以减少用户之间的互相干扰。
- 如果是在 CDMA 系统中，上行功率控制能够克服"远近效应"，这是在 CDMA 系统中功率控制的最大贡献。而且，由于 CDMA 系统是干扰受限的，功率控制可以使干扰减少，从这个角度来说，功率控制也可以增大 CDMA 的系统容量。
- 在 LTE 系统中，上行功率控制主要用于弥补信道路径损耗与"阴影效应"的信号损失，同时还可以抑制小区间干扰。
- 功率直观表现为手机的电池耗电量和电池使用时间，功率控制能使用户的功率达到最优配置，可以使用户设备减少电池耗电。

（2）下行功率控制

下行功率控制是指控制基站的发射功率，使得所有的用户终端接收到的信号功率相同或者信干比大致相等。

下行功率控制与上行功率控制的区别主要体现在两个方面。一方面，上行功率控制是要控制小区内所有用户的上行发射功率，以期实现在基站侧接收到的各个用户信号的功率相同，是多对一的关系；而下行功率控制是要控制基站的发射功率，确切地说是基站根据接收到的每个用户终端导频信号的强弱，重新分配基站侧给每个用户发射的功率，是一对多的关系。另一方面，上行功率控制与下行功率控制的干扰源不同，上行功率控制试图减少的是用户之间互相影响造成的干扰，下行干扰的主要来源却是完全不一样的，它来源于其他小区的基站信号对本小区用户的干扰。

（3）开环功率控制

开环功率控制是指基站不参与功率控制过程，即不需要接收端对接收情况进行反馈，发射端自行决定自己的发射功率，其特点是实现简单但不精确。

（4）闭环功率控制

闭环功率控制是需要基站参与功率控制过程的，即基站根据在上行链路上接收到的信号的强弱，在下行链路上向终端发送功率控制指令，终端根据接收到的指令调节发射功率。其优点是控制精度高，缺点是存在延时。

3. LTE 功率控制

在 LTE 系统中，由于下行采用 OFDMA 多址接入技术，上行采用 SC-FDMA 多址接入技术，因此一个小区内发送给不同 UE 的下行信号之间是相互正交的，一个小区内不同 UE 的上行信号之间也是相互正交的，不存在像 CDMA 系统中因远近效应而进行功率控制的必要性。因此，LTE 系统下行功率控制主要用于补偿信道的路径损耗和阴影衰落，而上行功率控制的主要目的不仅包括补偿信道的路径损耗和阴影衰落，以保证信号达到上行传输的目标信噪比，还包括抑制小区间的干扰。

对于下行信号，基站合理的功率分配和相互间的协调能够抑制小区间的干扰，提高同频组网的系统性能。因此，严格来说，LTE 的下行方向是功率分配，而不是功率控制。不同的物理信道和参考信号之间有不同的功率配比，下行功率分配用来控制基站在下行各个子载波上的发射功率。下行参考信号一般以恒定功率发射,不存在功率分配。下行共享信道 PDSCH 功率控制的主要目的是补偿路径损耗和慢衰落,保证下行数据链路的传输质量。基站侧保存着 UE 反馈的上行 CQI 值和发射功率的对应关系表,下行共享信道 PDSCH 的发射功率是根据 UE 反馈的 CQI 动态调整的,是一个闭环功率控制的过程。也就是说,基站接收到 CQI,就知道该用多大的发射功率,可达到什么样的 SINR。

对于上行信号,终端的功率控制在节省能耗和抑制小区间的干扰两方面具有重要意义,因此,上行功率控制是 LTE 系统重点关注的内容。小区内的上行功率控制分别控制上行共享信道 PUSCH、上行控制信道 PUCCH、随机接入信道 PRACH 和上行参考信号上的发射功率。PRACH 总是采用开环功率控制的方式,而其他信道的功率控制是通过在 PDCCH 上发送功率控制信令进行的闭环功率控制。

12.3.2　开环功率控制

我们先来分析一个简单的开环功率控制过程。上行功率控制是用户终端(以手机为例)利用接收到的下行信号的强弱,判断手机与基站之间链路的好坏。手机接收的信号强,就认为手机与基站之间的信道质量好,于是减小上行发射功率,反之就增大上行发射功率。

基站侧的下行功率控制也同此理,如果基站接收到的手机发送的上行信号强度高,就认为基站与手机之间的信道质量较好,于是减小基站发射功率,反之增大基站发射功率。这里认为的"信道质量好"包括两种情况,要么是手机与基站之间的距离比较近,要么是手机与基站之间的传播路径比较好,没有大的衰落,当然也可能是兼而有之。

可见,开环功率控制都是基于上、下行链路具有相同或者非常相近的信道条件的。那么在实际中,上、下行链路的信道衰落情况具有所谓的一致性吗?

在移动通信中,慢衰落具有上、下行的对称性。例如,造成慢衰落的阴影效应一般是由大型建筑物的遮挡等导致的。假设用户的移动速度在毫秒级别内不会移动太大的距离,如果上行链路由于建筑物的遮挡造成了"阴影",那么下行链路也会因此造成阴影,所以对于阴影效应导致的慢衰落,上行链路与下行链路一般具有一致的信道衰落特性。但是多径效应导致的快衰落不具备上、下行的对称性。

因此,鉴于开环功率控制不需要接收方对接收情况进行反馈,发射端自己决定发射功率的方式,它可以提供初始发射功率的粗略估计,主要用来补偿传输中的路径损耗、阴影效应等轻量级的慢衰落。下面通过一个实例来加以说明。当终端刚开机的时候,终端首先需要向基站发送前导码。终端以多大功率发送前导码以便基站能够成功地检测到它,这非常重要。如果终端以太低的功率发射,基站将无法检测;而如果发射的功率过高,可能会干扰其他终端与基站的通信。因此,必须确定适当的发射功率电平,该功率应足够强以被基站正确解码,并且足够弱以便不干扰其他终端与基站的通信。这是如何实现的呢?

UE 发起随机接入的物理信道是物理随机接入信道(PRACH)。随机接入过程的第一步是发送前导码,由于此时基站没有终端的上行链路信息,因此在 PRACH 上采用开环功率控制设置前导码的初始发射功率,其过程如图 12.1 所示。首先,UE 根据参考信号发射功率和参考信号接收功率计算出路径损耗;然后,根据前导码目标接收功率和路径损耗,确定该以多大的功率来发送随机接入前导码,也就是 PRACH 发射功率。

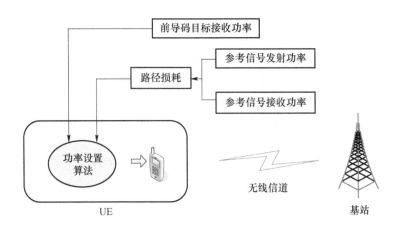

图 12.1　PRACH 开环功率控制

此外,开环功率控制所利用的上、下行信道的对称性与系统的双工方式有很大关系。

在 FDD 系统中,因为上、下行链路信号在两个频段发送,为了防止上、下行链路之间的干扰,上、下行频段之间设有频段保护间隔。FDD 系统中的上、下行信号可以同时发送,减少了时延,但是上、下行频段之间的频段间隔导致了上、下行链路的不对称性,因此导致了上、下行快衰落的不相关性,而对阴影效应的慢衰落影响会较小。总之,由于 FDD 系统信道的不对称性,开环功率控制的精度会比较差,相对来说,闭环功率控制的精度会好一些。

在 TDD 系统中,上、下行信号的发送和接收在同一频段内时,为了区分上、下行信号,使上、下行信号分别在不同的时隙中发送,这样就给开环功率控制提供了利用信道对称性的机会。因此,开环功率控制在 TDD 移动通信系统中的应用比在 FDD 系统中的应用精度会提高很多。

12.3.3　闭环功率控制

通常,闭环是为了提高功率控制的精度,克服开环功率控制的缺点,进而通过"手机—基站—手机"建立一个反馈回路,来实现精确的功率控制。具体来说,闭环功率控制是基站利用上行链路接收到的信号的强度大小或者信干比大小,产生功率控制的命令(包括增大功率还是减小功率、步长的大小等信息)。基站把这些功率控制命令通过下行链路发送到用户终端,用户终端通过增加一个步长的功率或者减少一个步长的功率,实现基站侧接收到的信号强度或者信干比相等。

由此可见,功率控制模式是开环还是闭环,可以通过基站的参与与否来判断。

图 12.2 所示为闭环功率控制的过程。当基站检测到初始 PRACH 后,UE 的发射功率将根据来自基站的功率控制命令进行动态控制。基站根据目标 SNR/SINR 值、实际接收的 SNR/SINR 值以及 UE 上报的功率余量(UE 允许的最大传输功率与当前传输功率之间的差值)等参数确定 UE 是该增加发射功率,还是该减小发射功率。在这种方式下,整个功率控制过程形成一个回路(闭环),这就是将其称为"闭环功率控制"的原因。

闭环功率控制的主要目的是补偿信道的路径损耗和阴影,保证信号达到上行传输的目标信噪比,并抑制小区间的干扰。其中前两个目的属于小区内功率控制技术的主要目标,后

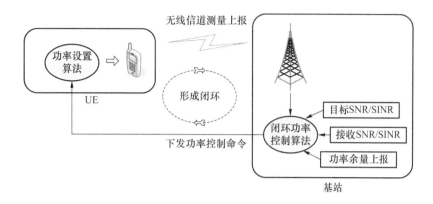

图 12.2　闭环功率控制的过程

一个目的属于小区间功率控制技术的主要目标。因此,LTE 中较为重要的功率控制是 UE 上行采用闭环功率控制技术达到以上目的。

闭环功率控制的主要优点是精度高,但这也是要付出代价的,具体如下。

① 实现复杂,开销较大。当然这些缺点是和开环功率控制比较而言的。

② 时延问题。从基站发送功率控制命令到用户终端接收命令改变发射功率是需要一段时间的,毕竟闭环反馈比没有反馈的开环多了一段反馈时间。

③ "乒乓"功率控制。与"乒乓"切换类似,"乒乓"功率控制也是出现在相邻小区边缘,手机在两个相邻小区间切换时,信号的强度会产生一定的波动。如果功率控制对信号波动的处理不够理想,就会对系统的稳定性产生影响。

为了改善闭环功率控制的缺点和不足,研究人员研究了自适应功率控制、模糊功率控制、基于神经网络的功率控制、基于博弈论的功率控制等。

12.4　实 验 内 容

12.4.1　PRACH 开环功率控制

开环功率控制的计算公式(P_{PRACH} 的单位为 dBm)如下:

$$P_{PRACH} = \min\{P_{CMAX}, P_{PRACH\_Target} + PL\} \tag{12.1}$$

其中:P_{CMAX} 是 UE 的最大发射功率,取决于 UE 类别,通常认为是 23 dBm;P_{PRACH_Target} 是前导码目标接收功率;PL 是下行路径损耗,UE 将它当作上行路径损耗,因为根据无线信道互易性,对于任一 UE 位置,上行路径损耗近似等于下行路径损耗。

① 查看 SIB2 消息的 RACH-ConfigCommon 中 powerRampingParameters 信元的 powerRampingStep 参数和 preambleInitialReceivedTargetPower 参数,可以看出这两个参数的设置分别为 1 dB 和 15 dBm,分别进行记录。

```
powerRampingParameters
    powerRampingStep：dB2 (1)
```

preambleInitialReceivedTargetPower：dBm-90（15）

ra-SupervisionInfo

preambleTransMax：n20（7）

ra-ResponseWindowSize：sf10（7）

② 终端进行随机接入过程,查看 PUSCH 发射功率。在"New Event"的右侧勾选"l1p-prach"以及"l1p-ul-global-power-evt"。可以看出,PUSCH 发射功率为－39.26 dBm。

16：02：47'987.57 > RACH TO SEND AT frame 91 af 2 pbIdx 5 freqIdx 0 transmission counter 1

16：02：47'993.55 > SENT RA window start（fn 91 af 6）end（fn 92 af 9）

16：02：47'993.57 > TX gain（1/100dB）pusch-power -3926 srs-power 0 channel type PRACH MPR-backoff 0 A-MPR-backoff 0 other-backoff 0

16：02：47'997.55 > WAITING RAR RA-RNTI = 3

16：02：48'000.00 > + IMSSTATE：SIMSTORE,READY

16：02：48'003.98 > SENDING MSG3（fn 92 sf 2）

③ 在"New Event"的右侧勾选"phyPucchPwrEvt",查看路径损耗。可以看出,路径损耗为 49 dB。

16：05：33'162.01 > g_i -800 deltaF 1 nomPo -96 dynPo 7 pl 49 hn 0 tpcIdx 0

16：05：33'167.01 > g_i -800 deltaF 1 nomPo -96 dynPo 7 pl 49 hn 0 tpcIdx 0

④ 根据 P_{PRACH} 的计算公式进行验证：

$$P_{PRACH\_Target}：-90 \text{ dBm}$$
$$P_{PUSCH}：-39.26 \text{ dBm}$$
$$PL：49 \text{ dB}$$
$$P_{PRACH} = \min\{P_{CMAX}, P_{PRACH\_Target} + PL\}$$

12.4.2　PUSCH 闭环功率控制

① 在 SIB2 消息中查看上行功率控制所需的小区公共参数,在右侧选择要勾选的信令：勾选"LTE-RRC"和"LTE"。可以看出,PUSCH 和 PUCCH 的功率分别为 － 70 dBm、－96 dBm。

uplinkPowerControlCommon

p0-NominalPUSCH：－70dBm

alpha：a107（4）

p0-NominalPUCCH：－96dBm

deltaFList-PUCCH

deltaF-PUCCH-Format1：deltaF0（1）

deltaF-PUCCH-Format1b：deltaF5（2）

deltaF-PUCCH-Format2：deltaF1（1）

deltaF-PUCCH-Format2a：deltaF2（2）

deltaF-PUCCH-Format2b：deltaE2（2）

deltaPreambleMsg3：8dB(4)

　　ul-CyelicPrefixLength：lenl (0)

　　② 在 RRC 专用消息 RRCConnectionSetupMessage 中查看上行功率控制所需的 UE 特定参数,为 7 dB。

uplinkPowerControlDedicated

　　p0-UE-PUSCH：0dB

　　deltaMC3-Enabled：en0 (0)

　　.1......accumulationEnabled：True

　　p0-UE-PUCCH：7dB

　　pSRS-offset：7

　　filterCoefficient：fc4 (4)

　　③ 终端进行上行数据传输,查看 PUSCH 发射功率,为 22.73 dBm。

16：16：01 '312.11 > f_i 3900 deltaTf_i 0 PoNomPusch_j -7000 PoUePusch_j 0 10logMPusch 1954 plTimeaAlpha_j 34 tpcIdx 0

16：16：01 '312.13 > TxPower 22.730000 ta 800 pl 48 alpha 0 powCtrl ACCUMLATED_TYPE maxTx 23

　　④ 根据 P_{PUSCH} 的计算公式,验证功率控制算法的一致性:算得的 22.54 与 22.73 大致相等。

$$P_{PUSCH}(i) = \min\{P_{MAX}, 10\log_{10}(M_{PUSCH}(i)) + P_{o\_PUSCH} + \alpha \cdot PL + \Delta_{TF}(i)\} \quad (12.2)$$

其中,各参数取值如表 12.3 所示。

表 12.3　参数取值(一)

参数	取值/dBm
$\Delta_{TF}(i)$	0
P_{o_PUSCH}	−70
$10\log_{10}(M_{PUSCH}(i))$	19.54
$\alpha \cdot PL$	34

12.4.3　PUCCH 闭环功率控制

　　① 在 SIB2 消息中查看上行功率控制所需的小区公共参数。

　　② 在 RRC 专用消息 RRCConnectionSetupMessage 中查看上行功率控制所需的 UE 特定参数。

　　③ 在 Sequans DM 软件的"New Event"界面中勾选"phyPucchCtrl"和"phyPucchPwrCtrl"。

　　④ 终端进行下行数据传输,查看 PUCCH 发射功率。

16：19：03'219.90 > g_i -900 deltaF 5 nomPo -96 dynPo 7 pl 49 hn 0 tpcIdx 0

16：19：03'219.92 > txPower -43.680000 ta 800 pl 49 powCtrl ACCUMULATED_TYPE maxTx 23 format FMT_1B

⑤ 根据 P_{PUCCH} 的计算公式,可以看出计算得到的值 -44 与信令中查询到的值 -43.68 大致相等。

$$P_{\text{PUCCH}}(i) = \min\{P_{\text{MAX}}, P_{\text{o\_PUCCH}} + \text{PL} + h(n_{\text{CQI}}, n_{\text{HARQ}}) + \Delta_{\text{F\_PUCCH}}(F) + \Delta_{\text{TxD}}(F') + g(i)\} \tag{12.3}$$

其中,各参数取值如表 12.4 所示。

表 12.4　参数取值(二)

参数	取值/dBm
$g(i)$	-9
$\Delta_{\text{F\_PUCCH}}(F)$	5
$P_{\text{o\_PUCCH}}$	-96
$\Delta_{\text{TxD}}(F')$	7
PL	49

参考文献

[1] 3GPP TS 36.213. E-UTRA Physical Layer Procedures. Section 7.1, V. 8.8.0, 3rd Generation Partnership Project, Sophia-Antipolis. 2009.

[2] 3GPP TS 36.213. E-UTRA Physical Layer Procedures, Section 7.2, V. 8.8.0, 3rd Generation Partnership Project, Sophia-Antipolis. 2009.

[3] 3GPP TS 36.300. Evolved Universal Terrestrial Radio Access (E-UTRA) and Evolved Universal Terrestrial Radio Access Network (E-UTRAN); Overall description; Stage 2 (Release 10) V10.0.0, 3rd Generation Partnership Project, Sophia-Antipolis. 2010.

[4] 3GPP TS23.401. General Packet Radio Service (GPRS) enhancements for Evolved Universal Terrestrial Radio Access Network (E-UTRAN) access (Release 15) V15.1.0, 3rd Generation Partnership Project, Sophia-Antipolis. 2017.

[5] 3GPP TR 36.819. Coordinated multi-point operation for LTE physical layer aspects (Release 11) V11.2.0, 3rd Generation Partnership Project, Sophia-Antipolis. 2013.

[6] 3GPP TS 36.212. Evolved Universal Terrestrial Radio Access (E-UTRA); Multiplexing and channel coding (Release 12) V12.3.0, 3rd Generation Partnership Project, Sophia-Antipolis. 2014.

[7] 3GPP TS TS 31.102. Characteristics of the USIM application (Release 6) V6.5.0, 3rd Generation Partnership Project, Sophia-Antipolis. 2004.

[8] 3GPP TS TS 33.401. 3GPP System Architecture Evolution (SAE); Security architecture (Release 12) V12.0.0, 3rd Generation Partnership Project, Sophia-Antipolis. 2012.

[9] 3GPP TS 36.331. Evolved Universal Terrestrial Radio Access (E-UTRA); Radio Resource Control (RRC); Protocol Specification, V. 8.14.0, 3rd Generation Partnership Project, Sophia-Antipolis. 2011.

[10] 3GPP TS 29.272. Evolved Packet System (EPS); Mobility Management Entity (MME) and Serving GPRS Support Node (SGSN) related interfaces based on Diameter protocol, V. 8.11.0, 3rd Generation Partnership Project, Sophia-Antipolis. 2011.

[11] 3GPP TS 29.274. 3GPP Evolved Packet System (EPS); Evolved General Packet Radio Service (GPRS) Tunnelling Protocol for Control plane (GTPv2-C); Stage 3, V. 8.10.0, 3rd Generation Partnership Project, Sophia-Antipolis. 2011.

[12] 3GPP TS 23.501. System Architecture for the 5G System (5GS), Stage 2 (Release

16）V6.5.0,3rd Generation Partnership Project,Sophia-Antipolis. 2019.

[13] 3GPP TS 24. 301. Non-Access-Stratum（NAS）protocol for Evolved Packet System （EPS），Stage 3，3rd Generation Partnership Project，Sophia-Antipolis. 2015.

[14] 3GPP TS 23. 272. Circuit Switched（CS）fallback in Evolved Packet System （EPS），Stage 2，3rd Generation Partnership Project，Sophia-Antipolis. 2015.

[15] 张晟,孔建坤,商亮. 4G 小基站系统原理、组网及应用[M]. 北京:人民邮电出版社,2015.

[16] 姚岳. 小基站(Small Cell)无线网络规划与设计[M]. 北京:人民邮电出版社,2015.

[17] 谭仕勇,倪慧,等. 5G 标准之网络架构——构建万物互联的智能世界[M]. 北京:电子工业出版社,2020.

[18] 朱明程,王霄峻. 网络规划与优化技术[M]. 北京:人民邮电出版社,2018.

[19] 张明和. 深入浅出 4G 网络 LTE/EPC[M]. 北京:人民邮电出版社,2016.

[20] 常瑞宏,杨英杰. 4G 移动通信技术权威指南:LTE 与 LTE-Advanced[M]. 2 版. 北京:人民邮电出版社,2013.

[21] Penttinen J T J. LTE/SAE 网络部署实用指南[M]. 盛煜,王友祥,杨艳,等译. 北京:机械工业出版社,2013.

[22] 韩志刚. LTE FDD 技术原理与网络规划[M]. 北京:人民邮电出版社,2012.

[23] 李方伟,蹇洁. 移动通信系统认证协议与密码技术[M]. 北京:人民邮电出版社,2007.

[24] 郭铭,文志成,刘向东. 5G 空口特性与关键技术[M]. 北京:人民邮电出版社,2020.

[25] 胡宏林,徐景. 3GPP LTE 无线链路关键技术[M]. 北京:电子工业出版社,2008.

[26] 蓝俊锋. LTE 融合发展之道[M]. 北京:人民邮电出版社,2014.

[27] 朱剑驰,刘佳敏,曾捷,等. 5G 超密集组网技术[M]. 北京:人民邮电出版社,2017.

[28] 孙宇彤. LTE 教程:机制与流程[M]. 北京:电子工业出版社,2015.

[29] 王晖. 4G 核心网络规划与设计[M]. 北京:人民邮电出版社,2016.

[30] 时岩,艾明,李玉宏,等. 无线泛在网络的移动性管理技术(未来无线通信网络)[M]. 北京:北京邮电大学出版社,2017.

[31] 王强,刘海林,黄杰,等. 5G 无线网络优化[M]. 北京:人民邮电出版社,2020.

[32] 刘毅,刘红梅,张阳,等. 深入浅出 5G 移动通信[M]. 北京:机械工业出版社,2019.

[33] 啜钢,王文博,常永宇,等. 移动通信原理与系统[M]. 4 版. 北京:北京邮电大学出版社,2019.

[34] 高伟东,啜钢,刘倩,等. 移动通信原理[M]. 3 版. 北京:电子工业出版社,2022.

缩 略 语 表

缩写	英文全称	中文全称
1G	1st Generation Mobile Communications System	第一代移动通信系统
2G	2nd Generation Mobile Communications System	第二代移动通信系统
3G	3rd Generation Mobile Communications System	第三代移动通信系统
4G	4th Generation Mobile Communications System	第四代移动通信系统
5G	5th Generation Mobile Communications System	第五代移动通信系统
6G	6th Generation Mobile Communications System	第六代移动通信系统
3GPP	3rd Generation Partnership Project	第三代合作伙伴计划

A

AC	Admission Control	接纳控制
AMBR	Aggregated Maximum Bit Rate	组合最大比特速率
AMC	Adaptive Modulation and Coding	自适应编码调制
API	Application Programming Interface	应用程序编程接口
APN	Access Point Name	接入点名称
ARP	Allocation and Retention Priority	接入保持优先级
ARQ	Automatic Repeat reQuest	自动重发请求
AS	Access Stratum	接入层
AUTN	Authentication Token	鉴权令牌
AV	Authentication Vector	鉴权向量
AVP	Attribute Value Pair	属性-值对

B

BBU	Base Band Unit	基带处理单元

BC	Billing Center	计费中心
BCCH	Broadcast Control Channel	广播控制信道
BCH	Broadcast Channel	广播信道

C

CAC	Call Admission Control	呼叫准入控制
CCCH	Common Control Channel	公共控制信道
CDMA	Code Division Multiple Access	码分多址接入
CMAS	Commercial Mobile Alert Service	商业移动告警服务
CN	Core Network	核心网
CoMP	Coordinated Multiple Points	协同多点传输
CP	Cyclic Prefix	循环前缀
CPE	Customer Premise Equipment	客户终端设备
CQI	Channel Quality Indicator	信道质量指示
CRC	Cyclic Redundancy Check	循环冗余校验码
CS	Circuit Switch	电路交换
CSFB	Circuit Switched Fall Back	电路交换回落
CSI	Channel State Information	信道状态信息
CUPS	Control and User Plane Separation	控制面和用户面分离

D

DCCH	Dedicated Control Channel	专用控制信道
DL-SCH	Downlink Shared Channel	下行共享信道
DM-RS	Demodulation Reference Signal	解调参考信号
DRA	Dynamic Resource Allocation	动态资源分配
DRB	Data Radio Bearer	数据无线承载
DRX	Discontinuous Reception	非连续接收
DS	Dynamic Scheduling	动态调度
DTCH	Dedicated Traffic Channel	专用业务信道

DwPTS	Downlink Pilot Time Slot	下行导频时隙

E

EBI	EPS Bearer Identity	EPS 承载识别码
ECGI	E-UTRAN Cell Global Identity	全球小区识别码
ECM	EPS Connection Management	EPS 连接管理
EIR	Equipment Identity Register	设备识别寄存器
eMBB	Enhanced Mobile Broadband	增强移动宽带
EMM	EPS Mobility Management	EPS 移动性管理
EMS	Element Management System	网元管理系统
EPS	Evolved Packet System	演进型分组系统
E-RAB	Evolved Radio Access Bearer	演进的无线接入承载
ESM	EPS Session Management	EPS 会话管理
ETWS	Earthquake and Tsunami Warning System	地震和海啸预警系统
E-UTRAN	Evolved Universal Terrestrial Radio Access Network	演进型通用陆地无线接入网

F

FDD	Frequency Division Duplex	频分双工
FDMA	Frequency Division Multiple Access	频分多址
FEC	Forward Error Correction	前向纠错
FTP	File Transfer Protocol	文件传输协议

G

GBR	Guaranteed Bit Rate	保证比特速率
GGSN	Gateway GPRS Support Node	GPRS 网关支持节点
GP	Guard Period	保护间隔
GPRS	General Packet Radio Service	通用分组无线业务
GRE	Generic Routing Encapsulation	通用路由封装

GSM	Global System for Mobile communications	全球移动通信系统
GTP	GPRS Tunneling Protocol	GPRS 隧道协议
GTP-U	GPRS Tunneling Protocol for the User Plane	GPRS 用户面隧道协议
GUTI	Globally Unique Temporary UE Identity	全球唯一临时 UE 识别码

H

HARQ	Hybrid Automatic Repeat reQuest	混合自动重传请求
HC	Handoff Control	切换控制
HII	High Interference Indication	高干扰指示
HLR	Home Location Register	归属位置寄存器
HO	Handover	切换
HPLMN	Home PLMN	归属 PLMN
HSS	Home Subscriber Server	归属用户服务器
HTTP	Hyper Text Transfer Protocol	超文本传输协议

I

IBLER	Initial Block Error Rate	初传误块率
IC	Interference Cancellation	干扰消除
ICIC	Inter-Cell Interference Coordination	小区间干扰协调
IMEI	International Mobile Equipment Identity	国际移动设备标识
IMEISV	International Mobile Equipment Identity Software Version	国际移动设备识别软件版本
IMS	IP Multimedia Subsystem	IP 多媒体系统
IMSI	International Mobile Subscriber Identity	国际移动用户标识
IMT-2000	International Mobile Telecommunication 2000	国际移动通信系统 2000
IRC	Interference Rejection Combining	干扰抑制合并

| ITU | International Telecommunications Union | 国际电信联盟（国际电联） |
| ITU-R | ITU Telecommunication Standardization Radiocommunication Sector | ITU 无线电通信组（部） |

K

| K_{ASME} | Key Access Security Management Entity | 密钥接入安全管理实体 |
| KI | Key Identifier | 鉴权密钥 |

L

L1	Layer 1 (physical layer)	层一（物理层）
L2	Layer 2 (data link layer)	层二（数据链路层）
L3	Layer 3 (network layer)	层三（网络层）
LA	Location Area	位置区
LAI	Location Area Identity	位置区域识别码
LAN	Local Area Network	局域网
LC	Load Control	负载控制
LDPC	Low Density Parity Check Code	低密度奇偶校验码
LTE	Long Term Evolution	长期演进
LU	Location Update	位置更新

M

M2M	Machine to Machine	机器到机器
MAC	Medium Access Control	媒体接入控制
MBMS	Multimedia Broadcast Multicast Service	多媒体广播组播业务
MBR	Maximum Bit Rate	最大比特速率
MBSFN	Multicast Broadcast Single Frequency Network	多播/组播单频网络
MCC	Mobile Country Code	移动国家码

MCCH	MultiCast Control Channel	多播控制信道
MCH	Multicast Channel	多播信道
MCS	Modulation and Coding Scheme	调制编码机制
MEID	Mobile Equipment Identity	移动设备识别码
MIB	Master Information Block	主信息块
MIMO	Multiple Input Multiple Output	多输入多输出
MISO	Multiple Input Single Output	多输入单输出
MM	Mobility Management	移动性管理
MME	Mobility Management Entity	移动性管理实体
mMTC	Massive Machine Type Communication	海量物联
MNC	Mobile Network Code	移动网络码
MO	Mobile Originated	主叫
MS	Mobile Station	移动台(手机)
MSC	Mobile Switching Center	移动交换中心
MSIN	Mobile Subscriber Identity Number	移动用户识别码
MSISDN	Mobile Subscriber ISDN Number	移动用户 ISDN 号码
MT	Mobile Terminated	被叫
MTCH	Multicast Traffic Channel	多播业务信道

N

NAS	Non-Access Stratum	非接入层
NF	Network Function	网络功能
NOMA	Non-Orthogonal Multiple Access	非正交多址接入

O

ODB	Operator Determined Barring	运营者决定的闭锁
OFDM	Orthogonal Frequency Division Multiplexing	正交频分复用技术
OFDMA	Orthogonal Frequency Division Multiple Access	正交频分多址
OI	Overload Indicator	负荷过载指示

| OSI | Open System Interconnection | 开放系统互连 |
| OTT | Over The Top | 在顶部 |

P

PAPR	Peak to Average Power Ratio	峰值平均功率比
PBCH	Physical Broadcast Channel	物理广播信道
PC	Power Control	功率控制
PCCH	Paging Control Channel	寻呼控制信道
PCFICH	Physical Control Format Indicator Channel	物理控制格式指示信道
PCH	Paging Channel	寻呼信道
PCI	Physical Cell Identity	物理小区标识
PCRF	Policy and Charging Rules Function	策略和计费规则功能
PDCP	Packet Data Convergence Protocol	分组数据汇聚协议
P-GW	PDN Gateway	PDN 网关
PDCCH	Physical Downlink Control Channel	物理下行控制信道
PDN	Packet Data Network	分组数据网络
PDP	Packet Data Protocol	分组数据协议
PDSCH	Physical Downlink Shared Channel	物理下行共享信道
PDU	Protocol Data Unit	协议数据单元
PF	Proportional Fair	比例公平算法
PHICH	Physical Hybrid ARQ Indicator Channel	物理 HARQ 指示信道
PIN	Personal Identification Number	个人身份识别码
PLMN	Public Land Mobile Network	公用陆地移动网络
PMCH	Physical Multicast Channel	物理多播信道
PRB	Physical Resource Block	物理资源块
PRACH	Physical Random Access Channel	物理随机接入信道
PS	Packet-Switched	分组交换

PS	Persistent Scheduling	持续调度
PSS	Primary Synchronization Signal	主同步信号
PSTN	Public Switched Telephone Network	公用电话交换网
P-TMSI	Packet Temporary Mobile Subscriber Identity	分组临时移动用户识别码
PUCCH	Physical Uplink Control Channel	物理上行控制信道
PUK	PIN Unlocking Key	解锁码
PUSCH	Physical Uplink Shared Channel	物理上行共享信道

Q

QoS	Quality of Service	服务质量
QPSK	Quaternary Phase Shift Keying	四相相移键控
QAM	Quadrature Amplitude Modulation	正交幅度调制
QCI	QoS Class Identifier	QoS 等级标识

R

RAB	Radio Access Bearer	无线接入承载
RAC	Radio Admission Control	无线准入控制
RACH	Random Access Channel	随机接入信道
RA	Routing Area	路由区
RA	Random Access	随机接入
RAI	Routing Area Identity	路由区识别码
RAN	Radio Access Network	无线接入网
RAND	Random Challenge	随机数
RB	Radio Bearer	无线承载
RB	Resource Block	资源块
RBC	Radio Bearer Control	无线承载控制
RE	Resource Element	资源粒子
RF	Radio Frequency	基站射频

RLC	Radio Link Control	无线链路控制
RNC	Radio Network Controller	无线网络控制器
RNTI	Radio Network Temporary Identity	无线网络临时识别码
RNTP	Relative Narrowband TX Power Indicator	相对窄带发射功率指示
RR	Round Robin	轮询算法
RRC	Radio Resource Control	无线资源控制
RRM	Radio Resource Management	无线资源管理
RRS	Radio Resource Scheduling	无线资源调度
RRU	Remote Radio Unit	射频拉远单元
RSCC	Recursive Systematic Conventional Code	递归系统卷积码编码器
RS	Reference Signal	参考信号
RSRP	Reference Signal Receiving Power	参考信号接收功率
RSRQ	Reference Signal Receiving Quality	参考信号接收质量
RSSI	Received Signal Strength Indicator	接收信号强度指示

S

SAE	System Architecture Evolution	系统框架演进
SAP	Service Access Point	业务接入点
SC-FDMA	Single Carrier-Frequency Division Multiple Access	单载波频分多址
SCTP	Stream Control Transmission Protocol	流控制传输协议
S-GW	Serving Gateway	服务网关
SGSN	Serving GPRS Supporting Node	GPRS 服务支持节点
SIC	Successive Interference Cancellation	串行干扰删除
SIM	Subscriber Identity Module	用户标识模块
SIMO	Single Input Multiple Output	单输入多输出
SINR	Signal to Interference plus Noise Ratio	信号与干扰加噪声比
SIR	Signal to Interference Ratio	信干比

SISO	Single Input Single Output	单输入单输出
SNR	Signal to Noise Ratio	信噪比
SPS	Semi-Persistent Scheduling	半持续调度
SRB	Signaling Radio Bearer	信令无线承载
SRS	Sounding Reference Signal	探测参考信号
SRVCC	Single Radio Voice Call Continuity	单一无线语音呼叫连续性
SSS	Secondary Synchronization Signal	辅同步信号
S-TMSI	SAE Temporary Mobile Subscriber Identity	SAE临时移动用户识别码
SVLTE	Simultaneous Voice and LTE	同时支持语音和LTE业务

T

TA	Timing Advance	定时提前
TAC	Tracking Area Code	跟踪区代码
TAI	Tracking Area Identity	跟踪区识别码
TCH	Traffic Channel	业务信道
TCP/IP	Transmission Control Protocol/Internet Protocol	传输控制协议/网际协议
TDD	Time Division Duplex	时分双工
TDMA	Time Division Multiple Access	时分多址
TD-SCDMA	Time Division-Synchronous Code Division Multiple Access	时分同步码分多址
TEID	Tunnel Endpoint Identifier	隧道端点标识符
TID	Tunnel Identifier	隧道标识
TMSI	Temporary Mobile Subscriber Identity	临时移动用户识别码
TB	Transport Block	传输块
TS	Time Slot	时隙

U

UDP	User Datagram Protocol	用户数据报协议
UE	User Equipment	用户设备
UMTS	Universal Mobile Telecommunications System	通用移动通信系统
UpPTS	Uplink Pilot Time Slot	上行导频时隙
uRLLC	Ultra Reliable Low Latency Communication	高可靠低时延
UL-SCH	Uplink Shared Channel	上行共享信道
USIM	Universal Subscriber Identity Module	全球用户身份模块
UTRAN	Universal Terrestrial Radio Access Network	通用地面无线接入网

V

VLR	Visitor Location Register	拜访位置寄存器
VoIP	Voice over IP	IP 语音
VoLTE	Voice over LTE	长期演进语音承载

W

| WAN | Wide Area Network | 广域网 |
| WWW | World Wide Web | 万维网 |

X

| XRES | Expected user Response | 期望用户响应 |